高等学校"十三五"规划教材

大学计算机基础实训

田霓光 罗 娟 汪 蓉 黄志成 主编

中国铁道出版社有限公司
CHINA RAILWAY PUBLISHING HOUSE CO., LTD.

内 容 简 介

本书是《大学计算机基础》（郭晶晶、饶彬主编）的配套实训指导教材，全书共分实训和习题两部分：实训部分包括计算机硬件组装及软件安装、键位练习、Windows 7 操作系统及 Word 2013 文字处理、Excel 2013 电子表格、PowerPoint 2013 演示文稿、网络技术与 Internet 综合应用和常用软件的一些操作，在每个实训中，作者精心设计了计算机操作要求和具体步骤，使学生在掌握计算机实用技术的同时也掌握了基本的操作要求；习题部分根据实训内容，采用单选题、填空题、判断题等形式供学生巩固所学知识。

本书适合作为高等学校计算机基础课程的实训教材，也可作为计算机爱好者的自学参考用书。

图书在版编目（CIP）数据

大学计算机基础实训/田霓光等主编. —北京：
中国铁道出版社，2018.8（2020.7 重印）
高等学校"十三五"规划教材
ISBN 978-7-113-24600-6

Ⅰ.①大… Ⅱ.①田… Ⅲ.①电子计算机-高等学校-
教材 Ⅳ.①TP3

中国版本图书馆 CIP 数据核字（2018）第 175950 号

书　　名：大学计算机基础实训
作　　者：田霓光　罗　娟　汪　蓉　黄志成

策　　划：徐海英　　　　　　　　　　　　读者热线：（010）83517321
责任编辑：翟玉峰　彭立辉
封面设计：付　巍
封面制作：刘　颖
责任校对：张玉华
责任印制：樊启鹏

出版发行：中国铁道出版社有限公司（100054，北京市西城区右安门西街 8 号）
网　　址：http://www.tdpress.com/51eds/
印　　刷：三河市燕山印刷有限公司
版　　次：2018 年 8 月第 1 版　　2020 年 7 月第 3 次印刷
开　　本：787mm×1092 mm　1/16　印张：10　字数：240 千
印　　数：9 201～12 700 册
书　　号：ISBN 978-7-113-24600-6
定　　价：30.00 元

前 言

根据教育部高等学校计算机科学与技术教学指导委员会非计算机专业计算机基础课程教学指导分委员会发布的《高等学校非计算机专业计算机基础课程教学基本要求（一）》的相关规定及要求，我国高等学校的非计算机专业在大学一年级需开设计算机文化基础课程，这也是非计算机专业学生学习计算机基础知识、信息技术，培养计算思维的重要途径。

主要内容

本书为实训教材，配合主教材的内容编写了 16 个实训和大量的测试习题。其中，实训内容主要通过知识点细化的案例讲解及综合练习的方式，指导读者掌握计算机组装、键位练习、Windows 7 操作系统及 Word 2013 文字处理、Excel 2013 电子表格、PowerPoint 2013 演示文稿、网络技术和常用软件的一些操作。

实训 1　计算机硬件组装及系统软件安装，内容包含计算机硬件的组装、BIOS 设置及计算机系统软件的安装。

实训 2　键位练习及常用输入法，内容包含计算机键盘的键位分布和击键时手指的键位分工及几种常用的汉字输入方法。

实训 3～实训 5　Windows 7 操作系统，内容包含 Windows 7 操作系统的基本操作、文件和文件夹的管理及其他常用的一些操作方法。

实训 6～实训 9　Word 2013 文字处理，内容包含编辑文档、排版、页面设置、表格制作及编辑、图形绘制等操作。其中，实训 6～实训 8 案例有详细的步骤讲解，而实训 9 是综合应用，在实训 6～实训 8 已详细讲解，因此实训 9 案例中没有详细介绍具体步骤，只给出了部分步骤提示。

实训 10～实训 12　Excel 2013 电子表格，内容包含电子表格建立、打开、保存、工作表的编辑，插入图表，对数据进行各种汇总、排序、筛选、统计和处理等操作。

实训 13　PowerPoint 2013 综合应用，内容包含演示文稿的建立与保存，以及使用幻灯片的基本制作和编辑、幻灯片的切换、动画效果、放映方式的使用等操作。

实训 14～实训 15　网络技术与 Internet 综合应用，内容包含网络安装、配置方法，IE 浏览器的基本使用与设置方法、文件服务器的设置方法。

实训 16　常用软件操作，内容包含 WinRAR、360 安全卫士、雨林木风 U 盘启动盘制作工具的使用。

本书特色

- 实用、可操作性。每部分内容都配有相关的实例讲解与习题，将知识点细化，由浅入深，通过详细的操作步骤来介绍各个软件的应用，每步操作还配有对应的图解，使学生学习起来更加直观、容易。

- 系统、全面性。通过案例讲解，全面、系统地介绍了大学计算机基础实训的操作知识。

编写分工

本书由田霓光、罗娟、汪蓉、黄志成主编。其中，黄志成编写实训 1、实训 10～实训 12；田霓光编写实训 2～实训 9；汪蓉编写实训 13～实训 16；罗娟编写全书习题并统稿。

由于计算机技术发展速度很快，加之编者水平有限，书中难免有疏漏与不妥之处，恳请读者批评指正！

编　者

2018 年 5 月

目录

CONTENTS

第 1 部分 实 训

第 2 部分 习 题

第1部分 实 训

实训 ① 计算机硬件组装及系统软件安装

实训目的

- 了解计算机的内部结构及基本组成。
- 熟悉计算机各部件之间的连接及整机配置。
- 掌握计算机硬件安装的基本方法与步骤。
- 掌握 BIOS 的设置及计算机系统安装。

实训内容

【案例 1-1】计算机硬件的安装。

操作要求：

① 识别计算机的各个部件。

② 完成一台计算机硬件的安装并正确连接内外线路。

③ 计算机完整部件一套：CPU、主板、内存、显卡、硬盘、光驱、机箱电源、键盘、鼠标、显示器、各种数据线、电源线等。

④ 工具准备：十字螺丝刀、平口螺丝刀、尖嘴钳、镊子、万用表、多孔电源插座。

⑤ 装机过程中的注意事项：

- 防止静电：在操作前，用手触碰一下接地的导电体或洗手以释放身上携带的静电荷。
- 不要在阴暗潮湿和有液体的地方组装。
- 使用正确的安装方法，不可粗暴安装，用力不当有可能使部件引脚折断或变形。
- 组装时要避免杂物掉入机箱，这些杂物可能引起内部电子元件之间短路。

步骤提示：

1. 计算机硬件的识别

理论课已经对计算机的组成及各部件进行了详细介绍，在此只需将各部件实物展示给学生观看，并进行简单讲解。

2．计算机硬件的组装

（1）安装电源

先将电源安装在机箱的固定位置，注意电源的风扇要背朝机箱，这样才能正确地散热。之后用螺钉固定电源，等安装主板后把电源线连接到主板上。

（2）安装CPU

为了方便安装，在将主板装进机箱前最好先将CPU和内存安装好。

① 将主板上的CPU插座的拉杆轻轻向外拨、再向上拉起拉杆，提升至垂直位置，如图1-1所示。

② 将CPU上针脚有缺针的部位对准插座上的缺口，再将CPU轻轻按下，如图1-2所示。如果CPU的第一针脚位置不正确，CPU无法插入，须立即更换至正确位置，强行插入会损坏CPU。

图1-1　CPU拉杆　　　　　　　　　图1-2　插入CPU

③ 将CPU的拉杆按下，还原至原位，固定CPU，如图1-3所示。

④ 安装散热器：先在CPU和散热器的散热片上均匀涂抹散热硅胶（见图1-4），使散热器与CPU更好地连接。然后，将散热器的螺钉对准主板上的螺钉孔，用螺丝刀将其固定在主板上，如图1-5所示。

图1-3　固定CPU　　　　　　　　　图1-4　涂抹硅胶

⑤ 将散热器的电源插头插到主板上标有CPU Fan的插座上，如图1-6所示。

图1-5　安装散热器　　　　　　　　图1-6　安装散热器电源线

（3）安装内存

先扳开主板上内存插槽两边的白色手柄，把内存上的缺口对齐主板内存插槽缺口，垂直压下内存，插槽两侧的白色手柄自动跳起夹紧内存并发出"咔"的一声，此时内存已被锁紧，如图 1-7 所示。取下时，只要用力按下插槽两端的卡子，内存就会被推出插槽。

（4）安装主板

在主板上安装好 CPU 和内存后，即可将主板装入机箱中。主板的主要功能是为 CPU、内存、显卡、硬盘、光驱等设备提供一个稳定运作的平台。

① 将主板放在机箱的底板上，观察对应孔位，将主板垫脚螺母安放到机箱主板托架的对应位置，如图 1-8 所示。

图 1-7　安装内存

图 1-8　安装垫脚螺母

② 平行托住主板，将主板放入机箱中。

③ 将机箱背面的主板挡板中多余部分清除，并通过挡板来确定主板安放位置（主板的 I/O 端口对准机箱的背面），如图 1-9 所示。

④ 用螺钉把主板固定在机箱上。（注意不要直接拧紧螺钉，等全部螺钉安装到位后，再将螺钉拧紧，这样做的好处是随时可以对主板的位置进行调整；将螺钉拧到合适的程度即可，以防止主板变形）。

（5）安装外部存储设备

① 安装硬盘：将硬盘金属盖朝上，由机箱内部推入硬盘安放仓，将硬盘螺钉孔与硬盘安放仓上的螺钉孔对齐，然后用螺钉固定，如图 1-10 所示。

图 1-9　调整挡板位置

图 1-10　安装硬盘

② 安装光驱：将光驱由机箱的正面推入机箱，如图 1-11 所示，将光驱螺钉孔与机箱上的螺钉孔对齐，然后用螺钉固定。

（6）安装显卡、声卡、网卡

① 安装显卡：首先移除机箱背部对应的 PCI-E 插槽上的螺钉及扩充挡板，然后按下 PCI-E 插槽末端的防滑扣插入显卡，防滑扣弹回原位后用螺钉固定，如图 1-12 所示。

图 1-11　安装光驱

图 1-12　安装显卡

② 声卡、网卡等其他插卡式设备的安装同显卡大同小异（现在多数主板都集成了声卡和网卡，不需要安装就可以直接使用）。

（7）连接电源线、数据线

① 连接主板电源线：将电源上的双列 20 芯插头插入主板的电源插座，如图 1-13 所示。

② 连接硬盘电源线、数据线：硬盘接口全部采用傻瓜式设计，反方向无法插入，只需对准插口，将电源线、数据线插入，如图 1-14 所示。数据线的另一端插入主板上的 SATA 接口，如图 1-15 所示。

图 1-13　主板电源线的连接

图 1-14　硬盘电源线、数据线的连接

③ 连接光驱电源线、数据线与硬盘类似。

④ 连接 CPU 电源线：CPU 供电接口一般采用 4 针的加强供电接口设计，插入主板上的对应位置即可，如图 1-16 所示。

图 1-15　主板上的 SATA 接口

图 1-16　CPU 电源线的安装

（8）连接控制线

新版机箱的控制线基本采用集成式结构，只需将控制线对准主板上的插槽位置插入即可。如果是老式机箱，则按以下步骤操作：首先找到机箱面板上的指示灯和按键在主板上的连接位置（依照主板上的英文来连接），然后区分开正负极连接。将机箱面板上的 HDD LED（硬盘灯）、PWR SW（开关电源）、Reset（复位）、Speaker（主板喇叭）、Keylock（键盘锁接口）和 PowerLED

（主板电源灯）等连接在主板上的金属引脚。

（9）连接外围设备

① 安装显示器：首先按照说明书上的步骤安装显示器底座，然后连接显示器的电源线，最后连接显示器的信号线（将 15 孔的信号线插头与机箱背部的输出端插槽对齐插入）。

② 安装鼠标、键盘：鼠标、键盘均可分为 USB 接口和 PS/2 接口，只需将插头对准主板内部的相应位置插入即可。

一台完整的多媒体计算机硬件安装完成。

【案例 1-2】BIOS 设置及计算机系统的安装（以光盘安装 Windows 7 为例）

操作要求： 进行 BIOS 设置并安装计算机系统。

步骤提示：

1. BIOS 启动项调整

在安装系统之前首先需要在 BIOS 中将光驱设置为第一启动项。进入 BIOS 的方法随不同 BIOS 而不同，一般来说有在开机自检通过后按【Del】键或者【F2】键等。进入 BIOS 以后，找到 Boot 项目，然后在列表中将第一启动项设置为 CD-ROM 即可，如图 1-17 所示。不同品牌的 BIOS 设置有所不同，详细内容请参考主板说明书。

在 BIOS 将 CD-ROM 设置为第一启动项之后，重启计算机就会发现如图 1-18 所示的"...boot from CD.."提示符。这时按任意键即可从光驱启动系统。

图 1-17　BIOS 设置　　　　　图 1-18　"boot from CD"提示符

2. 开始安装

① 从光驱启动系统后，就会看到如图 1-19 所示的 Windows 7 安装初始化界面。根据屏幕提示，选择要安装的语言、时间和货币格式、键盘和输入法（一般情况下均为默认），然后单击"下一步"按钮继续安装。

② 进入开始安装界面，单击"现在安装"按钮启动安装程序。

③ 安装程序启动后，自动进入 Microsoft 许可条款界面，选中"我接受许可条款"选项，然后单击"下一步"按钮继续安装。

④ 选择磁盘分区，即将 Windows 7 安装在何处。

⑤ 格式化磁盘，选择系统所需安装的磁盘分区（一般是 C 盘），然后选择"格式化"，然后单击"下一步"按钮继续安装。

⑥ Windows 7 系统的安装。Windows 7 系统安装分为 5 个步骤，分别是复制文件、展开文件、安装功能、安装更新和完成安装，这 5 个步骤是打包在一起的，并不需要单独进行操作。

⑦ 系统安装完成后进入系统设置界面，按顺序完成用户名设置、密码设置、序列号填写、Windows 7 界面设置、设置日期和时间、网络设置。

总安装过程大概需要 25～30 min，然后重新启动计算机进入初始桌面，如图 1-20 所示。

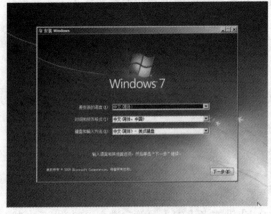

图 1-19　Windows 7 安装初始化界面　　　　图 1-20　Windows 7 初始化桌面

练 习 题

1. 在计算机上安装一个 Windows 7 操作系统。
2. 计算机怎样设置 BIOS？
3. 计算机显示器出现蓝屏怎样处理？

实训 **2**

键位练习及常用输入法

实训目的

- 熟悉键盘的键位分布。
- 掌握使用键盘的正确姿势、击键规则和击键时手指的键位分工。
- 掌握几种常用的汉字输入方法。

实训内容

【案例 2-1】练习将英文输入计算机，并通过练习提高输入速度，达到每分钟输入 120 字符；练习将汉字输入计算机，并通过练习提高输入速度，达到每分钟输入 30 个汉字。

操作要求：

① 英文字符的输入。

② 中文字符的输入。

③ 打字速度测试。

步骤提示：

1．英文字符的输入 —键位强化练习

可以利用"金山打字通 2016"等软件进行键位强化练习。金山打字通 2016 字母键位练习界面如图 2-1 所示。

如何进行英文打字练习：

单击主界面的"英文打字"按钮，弹出"英文打字"对话框，对话框中有"单词练习、语句练习、文章练习" 3 个选项，单击任意一个选项，就可以进入英文打字练习，如图 2-2 所示。

图 2-1 "金山打字通 2016"字母键位界面　　图 2-2 "金山打字通 2016"英文打字界面

2．中文字符的输入

单击主界面的"拼音打字"按钮，在打开的窗口中单击"音节练习"按钮，进入拼音打字界面。拼音打字是为那些非专业打字员用户准备的。分"音节练习""词汇练习""文章练习"三部分。在音节练习中，主要针对方言模糊音、连音词、普通话异读词进行练习，如图 2-3 所示。

图 2-3　"拼音打字"——"音节练习"界面

在词汇练习中，可以按专业选择词汇进行练习，此外，该部分练习还提供了中文常用词汇；在文章练习中，提供了 30 篇文章可以按照"多行对照"或"单行对照"的方式进行对照练习。

3．打字速度测试

单击主界面的"打字测试"按钮，进入打字测试界面，如图 2-4 所示。

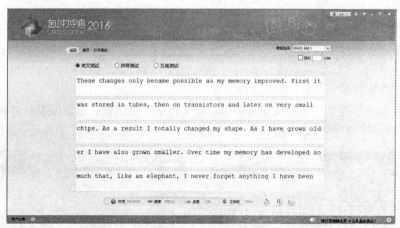

图 2-4　打字测试界面

打字速度测试分为"英文测试""拼音测试""五笔测试"三部分。

打字速度测试可以采用屏幕对照的形式进行，选择相应的课程进行测试，通过多次测试和练习使英文打字的速度达到每分钟 120 字符，汉字打字的速度达到每分钟 30 个汉字。

4.英文字符的输入——击键练习题一

练习一：练习击打 4、5、6、r、t、f、g、v 和 b 键位。（左手食指）

454554	54fgvb	vb645rt	rtf5gvb	fff4gg	5grrtt	fv4brtb
4bb6vv	6rr4tt	g5ffrt	4vbfg	6fgrtf	vbrtfg4	56rtfgvb

练习二：练习击打 3、e、d 和 c 键位。（左手中指）

3edced	cc3dd	eee3ddd	dededc3	cc33dd
ddd3dd	ccee3	dcedc33	ddc3cee	eed33cc

练习三：练习击打 2、w、s 和 x 键位。（左手无名指）

2wsxwsx	www2sss	sss22xxx	xxx2ssswww	w22ssw2xwsx
2sssss2	2wwwsxw	xxx22ssw	sssxxxx22	sxwswx2ssxxw

练习四：练习击打 1、q、a 和 z 键位。（左手小指）

1qq1az	qqq111zzz	zzzaaa11aa	aaaqqqzzz1	aq11zzzzz
aqaq1z	qqaazza1	aa11qqaazz	qqqqqqqq11	aaaaaaa111

练习五：练习击打 6、7、y、u、h、j、n 和 m 键位。（右手食指）

6767yu	7yuhjnm	hj6nm	uuu7yyy	yy67hyyu	7hh6hnm
7jj6hhn	6mnjhyu	6uuhh	nnn6mm	mnhj7mm	yuhjnm67

练习六：练习击打 8、i、k 和,键位。（右手中指）

8ik,ikik　　kkk8iii　　iii88kkk　　ikik8,ikiii　　ik8,kkii,kkii

练习七：练习击打 9、o、l 和.键位。（右手无名指）

9ooll.9ooll　　lll9oo.lll　　ol.9.lo99oo　　lloo.ol.oo99

练习八：练习击打 0、p、;、[ ]、=和/键位。（右手小指）

0pp[ ];　　p;p//p0;p[ ]　　;;pp//0pp=　　p0=/[ ];pp

=/p0[ ];[ ]00　　;[ ];　　pp00=　　p=;//[ ]0p=;/

练习九：按住【Shift】键练习！、@、#、$、^、%、&、|、*、()、?、+、<、>、~键位。

!?|+*#><　　?!<+\%#　　#%&*@!　　@#%&*+|　　+*&@?!><~#~!?

+*()?>!@　　~><!!*&　　^%\$#()　　|()<>~+　　&*()+^%\$#??~@

练习十：按【Caps Lock】键练习 A~Z 键位。

ADCEFG	HJIOPL	QWERRT	YUIOPMN	CZDERTH	JIOPVBNVMXPO
ERTPPW	VCXZC	MUROW	PASDFGK	LOPIUYLP	QWEROUMZER
RWROPM	VGHJM	CVIEPW	PQASDFE	HJKOLERI	WERSKEFHKP

练习十一：拼音输入法练习《》、。、""、……、￥和、键位。

《》。""、……、￥

5.英文字符的输入——击键练习题二

练习十二：英文输入练习

To respect my work, my associates and myself. To be honest and fair with them as I expect them to be honest and fair with me. To be a man whose word carries weight.

To be a booster, not a knocker; a pusher, not a kicker; a motor, not a clog. to base my expectations of reward on a solid foundation of service rendered; to be willing to pay the price of success in honest effort.

To look upon my work as opportunity, to be seized with joy and made the most of, and not as painful drudgery to be reluctantly endured. to remember that success lies within myself; in my own brain, my own ambition, my own courage and determination.

To expect difficulties and force my way through them, to turn hard experiences into capital for future struggles. to interest my heart and soul in my work, and aspire to the highest efficiency in the achievement of results. To be patiently receptive of just criticism and profit from its teaching. To treat equals and superiors with respect, and subordinates with kindly encouragement. to make a study of my business duties; to know my work from the ground up.

To mix brains with my efforts and use system and method in all I undertake. To find time to do everything needful by never letting time find me or my subordinates doing nothing. To hoard days as a miser does dollars, to make every hour bring me dividends in specific results accomplished. To steer clear of dissipation and guard my health of body and peace of mind as my most precious stock in trade.

Finally, to take a good grip on the joy of life; to play the game like a gentleman; to fight against nothing so hard as my own weakness, and endeavor to grow in business capacity, and as a man, with the passage of every day of time.

6. 中文字符的输入——击键练习题三

练习十三：中文输入练习

人都是恋家的，老家是生命的老根。然而有史以来，迁徙却是人类发展的常态，背离老家，又安新家，趋利避害，开辟新的美丽家园，正是社会发展繁荣的强大动力。也许很多人会认为，人在异乡为异客，难免遭受冷漠的侵袭，失意的怀旧，如果在异乡顺水行舟，找到了家感觉，可能就没有乡愁了。然而，即使在大唐盛世，仍然乡愁如雨，天上月亮唯故乡独明；在今天奔小康的宽阔道路上，大多人并非是无奈的出走，悲情的离别，而是漫漫长路上的圆梦，但一旦远离家乡，乡愁也就来了，而很多人已经在城市住了几十年，成为道地的城里人，过着富裕的日子，但乡愁仍然挥之不去。更让人想不通的是，也就是这十来年，在生活的快速发展变化中，人们的小日子越来越红火美好，乡味却成了大众喜爱的味道，乡游成了有情的旅游，乡愁气氛越来越浓。乡愁正在成为一种大众的世纪情绪。

看来，只要离开家乡，就要与乡愁相伴，乡愁是离家出走必然产生的情感，家有多远，乡愁就有多浓。乡愁是永恒的，奇怪的是却没有"城愁"这个词。一个人在城里不管住了多少年，离开这个城市后，也可能产生怀念，但却仍然上升不到乡愁的高度。也许，城市与乡村就是两个不同地方，拥挤、冷漠、虚假的城市难以承载情感，安放灵魂，一栋火柴盒一样的楼房，或许就不值得怀念。

在过去的二三十年里，城市一直在膨胀，人们在欲望的膨胀中差不多骚动了二三十年，在兴奋、新鲜中翻飞，却全然忽视了乡村的存在。从农村到城市，从城市到城市，梦想在欲望的一次次满足中又一次次跌落，当无奈地回首远望，才发现在民俗与传统的失落中，在年轻人、能人的流失中，在对土地田园的冷漠中，乡村成了一个空壳，家园差不多丢失了。才发现拥挤冷漠的城市大多是一个挣钱的地方，而不像家园，乡村虽然有很多不方便的地方，但却更适合居住。

练 习 题

1. 键位分工如图 2-5 所示，请写出左、右手指控制的键位。

图 2-5 键位分工

2. 写出下列键位的主要功能。

【Caps Lock】：_____　　【Shift】：_____　　【Ctrl】：_____

【Alt】：_____　　【Enter】：_____　　【Delete】：_____

【Num Lock】：_____　　【BackSpace】：_____

3. 综合练习：中文与英文练习。

中文练习

　　轻轻拨开，好似尘封千年今世的柜，缓缓点上一曲，这些年那些岁月流芳。换上喜欢的楷体，切成三号字体的舒畅，弹指挥间，已落下几座春秋的朝气与萧瑟，希望与失望。纵然这如逝的风不紧不慢吹来去，却也成歌成灰；慢慢踱步阡陌红尘，喜怒哀乐皆众生相，坚强的、脆弱的、飘零的、别离的、守望的、衰落的……生命的临界点越来越近，它夹在时光的霓虹中，悄然蜷缩在我积满黄沙的长河深处。

　　青春年华如歌如诗，这是他们时常挂在嘴边说的，我也只是听听，偶尔在书中读到，偶尔在影视里看到，多么美好的情怀，多么让人向往而努力寻近。生活如梦又似幻，虚虚实实，它又像个姑娘单纯娇羞而又任性冲动，促使我奔向诗歌迷蒙的美；生存在零刻度是异样的骨感成畸，双手侵染时间的血，洒满路的指向标，以求迷失中从新找回，以求他人欲眼验证评判的成与败。很多时候，恍然的一梦，缥缈之音断断续续，用矛盾弹奏传递，远远看去，它是无恙，它是超然，我学着它的模样，手持矛而向天，身挂盾护于地。想来，可以暂时无碍，继续用血染指青春，像他们一样漂浮前行。

　　窗外风铃声，圆圆圈圈，涟漪心田，灵魂的颤意，从梦而醒来，双眼拖着朦胧，迈着疲倦，这一片不知名的枯黄沙漠，没有一滴水滋润那干裂的山脉脊梁。我的意识又开始恍惚多样，开始穿梭不同的时空。

　　路，总在前方，一次又一次的颠簸，无法阻挡得了归家的心。是否知道？是否知道年迈的爷爷奶奶，总在擦拭全家福，看着洋溢着笑意的你，一遍又一遍地重复着那句话——爷爷奶奶，等我回来看你们。时光总在漂移，人总是在团聚和分离，年迈的他们还有多少时间，可以等待自己的归来？我想离家在外的朋友们，不会愿意一个人守着电脑，看着亲人的照片，去猜测他们是否安好，所以游子们心甘情愿地踏上迁途，只为了利用春节这个难得的假期和家人来一次短暂的团聚。

英文练习

An old gentleman whose eyesight was failing came to stay in a hotel room with a bottle of wine in each hand. On the wall there was a fly which he took for a nail. So the moment he hung them on, the bottles fell broken and the wine spilt all over the floor. When a waitress discovered what had happened, she showed deep sympathy for him and decided to do him a favour.

So the next morning when he was out taking a walk in the roof garden, she hammered a nail exactly where the fly had stayed.

Now the old man entered his room. The smell of the spilt wine reminded him of the accident. When he looked up at the wall, he found the fly was there again! He walked to it carefully and slapped it with all his strength. On hearing a loud cry, the kind-hearted waitress rushed in. To her great surprise, the poor old man was there sitting on the floor, his teeth clenched and his right hand bleeding!

An old gentleman whose eyesight was failing came to stay in a hotel room with a bottle of wine in each hand. On the wall there was a fly which he took for a nail. So the moment he hung them on, the bottles fell broken and the wine spilt all over the floor. When a waitress discovered what had happened, she showed deep sympathy for him and decided to do him a favour.

The lady went home with her mousetrap, but when she looked in her cupboard, she could not find any cheese in it. She did not want to go back to the shop, because it was very late, so she cut a picture of some cheese out of a magazine and put that in the trap.

Surprisingly, the picture of the cheese was quite successful! When the lady came down to the kitchen the next morning she found a picture of a mouse in the trap beside the picture of the cheese!

实训 ③

Windows 7 的基本操作

实训目的

- 掌握 Windows 7 的开机、关机、注销、睡眠和重新启动等操作。
- 掌握鼠标的基本操作。
- 掌握 Windows 7 桌面图标、"开始"菜单和任务栏的基本操作。
- 掌握窗口、对话框的基本操作。

实训内容

【案例 3-1】Windows 7 的开机、关机、注销、睡眠和重新启动，鼠标的基本操作，认识桌面元素、桌面图标操作、开始"菜单操作、任务栏操作、窗口操作、对话框操作、输入法切换、菜单及其基本操作。

操作要求：

① Windows 7 的开机、关机、注销、睡眠和重新启动。

② 鼠标的基本操作。

③ 认识桌面元素、桌面图标操作。

④ 开始"菜单操作、任务栏操作。

⑤ 窗口操作、对话框操作。

⑥ 输入法切换，菜单及其基本操作。

步骤提示：

1．Windows 7 的开机、关机、注销、睡眠和重新启动等操作练习

（1）开机和关机操作练习

按下计算机开机电源后，若计算机无开机密码和操作系统密码，则自动登录到 Windows 7 操作系统桌面，如图 3-1 所示。

当用户希望关机时，可以按【Alt+F4】组合键，弹出"关闭 Windows"对话框，如图 3-2 所示，单击"确定"按钮；也可以单击桌面左下角的"开始"菜单，在弹出的列表中单击"关机"按钮，如图 3-3 所示。

（2）注销当前用户操作练习

单击"开始"→"关机"按钮右侧的三角按钮，在弹出的列表中选择"注销"命令，如图 3-3 所示。

图 3-1　Windows 7 桌面图标

图 3-2　"关机 Windows"窗口

图 3-3　"开始"菜单的"关机"按钮

（3）将计算机进入睡眠状态练习

当用户暂时不需要使用计算机时，可以让系统进入睡眠状态，以节约能源。在如图 3-3 所示的列表中选择"睡眠"命令进入睡眠状态，按任意键恢复工作状态。

（4）重新启动计算机练习

在如图 3-3 所示的列表中选择"重新启动"命令。

2．鼠标的基本操作练习

（1）姿势练习

手握鼠标，不要太紧，使鼠标的后半部分恰好在手掌下，食指和中指分别轻放在左右按键上，拇指和无名指轻夹两侧。

（2）移动练习

移动鼠标使其对准桌面上的"计算机"图标。

（3）单击练习

按下并松开鼠标左键，"计算机"图标颜色变深，表明该图标已被选中。

（4）双击练习

重新移动鼠标指向"计算机"图标，快速、连续地按下并松开鼠标左键两次，就打开了"计算机"窗口。

（5）拖动练习

关闭打开的"计算机"窗口，重新移动鼠标指向"计算机"图标，按住鼠标左键不要松开，然后在桌面上拖动，将鼠标移到目标位置，松开鼠标左键。

（6）右击练习

在桌面空白区域，快速按下并松开鼠标右键，这时会出现一个快捷菜单，如图 3-4 所示。

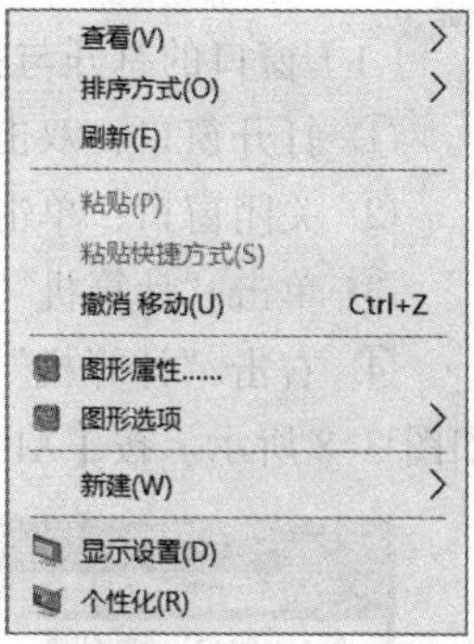

3．认识桌面元素

桌面是用户启动 Windows 7 之后见到的主屏幕，包括桌面图标（默认用户、网络、回收站、计算机 4 个图标）、"开始"菜单、任务栏，见图 3-1。

4．桌面图标操作练习

（1）图标排列方式练习

右击 Windows 7 桌面的空白区域，在弹出的快捷菜单中选择"排列方式"命令，在其子菜单中选择所需的排列方式，如图 3-5 所示。

图 3-4　桌面右键菜单

（2）图标查看方式练习

右击 Windows 7 桌面的空白区域，在弹出的快捷菜单中选择"查看"命令，在其子菜单中选择所需的查看方式，如图 3-6 所示。在取消选择"自动排列图标"选项状态下，可自由拖动桌面上的图标进行排列。

图 3-5　排列桌面图标

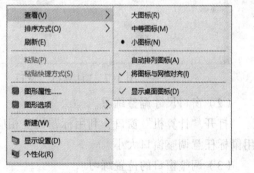

图 3-6　查看桌面图标

5．"开始"菜单练习

选择"开始"→"所有程序"，查看本机安装的软件，查看 Microsoft Office、"附件"文件夹。

6．任务栏操作练习

（1）任务栏属性设置练习

右击任务栏空白区域，在弹出的快捷菜单中选择"属性"命令，在弹出的对话框中单击"任务栏"选项卡，分别选择或取消各个复选框，单击"应用"按钮，观察任务栏的变化，了解各选项的功能。

（2）任务栏位置调整练习

在任务栏未锁定情况下，鼠标指向任务栏空白区域，按住鼠标左键拖动，可将任务栏放置在屏幕上、下、左、右边界位置。

（3）任务栏尺寸调整练习

将鼠标指针指向任务栏的边界，当鼠标指针变为上下箭头时，拖动鼠标上下移动至适当位置，松开鼠标，可改变任务栏大小。

7. 窗口操作练习

（1）窗口的打开与关闭练习

① 打开窗口：双击"计算机"图标，打开"计算机"窗口，如图 3-7 所示。

② 关闭窗口：单击"计算机"窗口标题栏右上角的"关闭"按钮。

③ 单击"计算机"窗口工具栏中的"组织"按钮，从弹出的菜单中选择"关闭"命令。

④ 右击"计算机"窗口内标题栏的空白区域，在弹出的快捷菜单中选择"关闭"命令，如图 3-8 所示。按【Alt+F4】组合键也可以关闭窗口。

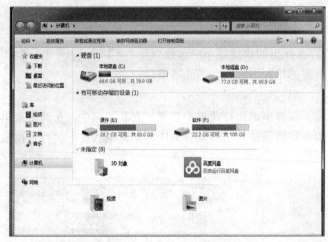

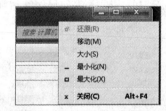

图 3-7　"计算机"窗口　　　　图 3-8　"关闭"窗口快捷菜单

（2）窗口尺寸调整练习

打开"计算机"窗口，利用标题栏上相应的按钮，分别将窗口最大化、最小化和还原；利用鼠标任意调整窗口大小。

（3）调整窗口的位置练习

打开"计算机"窗口，将鼠标指针指向标题栏，拖动鼠标至适当位置松开，可改变窗口在桌面的位置。

（4）窗口的排列练习

打开"计算机""回收站""网络"等多个窗口，然后右击任务栏的空白区域，在弹出的快捷菜单中分别选择"层叠窗口""堆叠显示窗口""并排显示窗口""显示桌面"命令，注意观察桌面窗口的排列变化。

8. 对话框操作练习

打开"计算机"窗口，选择"工具"菜单中的"文件夹选项"命令，打开"文件夹选项"对话框，分别单击各个选项卡，了解它们的作用，观察对话框标题栏右侧有哪些可用按钮。

9. 输入法切换练习

分别按快捷键【Ctrl+Space】（中英文切换）、【Ctrl+Shift】（各种输入法切换）、【Ctrl+.】（中

英文标点符号切换）、【Shift+Space】（全角/半角切换），观察输入法指示器的变化。

10. 菜单及其基本操作练习

（1）熟悉"状态栏""排列方式""分组依据"

打开"计算机"窗口，选择"组织"→"布局"→"菜单栏"，然后选择"查看"→"状态栏"，"查看"→"排序方式"→可以看到"名称、类型、大小……排列"；"查看"→"分组依据"→可以看到"名称、类型、大小……排列"；观察窗口的变化情况。

（2）熟悉文件夹的查看方式

打开"计算机"窗口，选择"组织"→"布局"→"菜单栏"，然后选择"查看"→"大图标"，"查看"→"小图标"命令，"查看"→"列表"命令，"查看"→"详细资料"命令，观察窗口的变化情况。

（3）熟悉用菜单快捷键实现上述操作

打开"计算机"窗口，然后按【F10】键或【Alt】键激活菜单栏，再单击菜单名后面括号中的字母键。例如，若以列表方式显示"计算机"窗口中的内容，可依次按【Alt】键、【V】键、【L】键。

练 习 题

1. 鼠标的单击、双击、三击、右击都有什么作用？
2. 开机、关机的步骤是怎样的？热启动和冷启动有什么区别？
3. 桌面图标的排列方式有哪些？它们的区别是什么？
4. 为什么要使用开始菜单的关机命令来关机，而不能直接关电源？
5. 任务栏的锁定和隐藏是怎样设置的？
6. 窗口最大化、关闭窗口有哪几种方法？

实训 ④

文件/文件夹的管理

实训目的

- 理解文件/文件夹的概念及文件系统的组织方式。
- 掌握文件/文件夹的创建、选定、重命名、复制、粘贴与移动方法。
- 掌握文件/文件夹的删除、恢复删除与搜索方法。
- 掌握显示/隐藏文件的扩展名、显示或隐藏文件/文件夹方法。
- 掌握文件/文件夹属性的查看、文件/文件夹的隐藏与显示、显示方式方法。
- 掌握格式化磁盘设置方法。

实训内容

【案例 4-1】文件/文件夹的创建、选定、重命名、复制、粘贴与移动，文件/文件夹的删除、恢复删除与搜索，显示/隐藏文件的扩展名、显示或隐藏文件/文件夹；文件/文件夹属性的查看、文件/文件夹的隐藏与显示、显示方式；格式化磁盘设置。

操作要求：

① 文件/文件夹的创建、选定、重命名、复制、粘贴与移动。
② 文件/文件夹的删除、恢复删除与搜索。
③ 显示/隐藏文件的扩展名，显示或隐藏文件/文件夹。
④ 文件/文件夹属性的查看、文件/文件夹的隐藏与显示、显示方式。
⑤ 文件格式化磁盘设置。

步骤提示：

1. 创建文件夹

右击桌面的空白区域，在弹出的快捷菜单中选择"新建"→"文件夹"命令，创建一个新文件夹并将其命名为"Win7 实训"，然后在桌面上其他区域单击或按【Enter】键完成文件夹命名；打开"Win7 实训"文件夹，同样方法再创建 3 个子文件夹，分别命名为 AB、CD 和 EF。

2. 创建文件

打开"Win7 实训"文件夹，右击窗口的空白区域，在弹出的快捷菜单中选择"新建"→"文本文档"命令，创建一个文本文件并将其命名为 1.txt，同样方法再创建 3 个文本文件，分别命名为 2.txt、3.txt 和 4.txt。右击空白区域，在弹出的快捷菜单中选择"新建"→"Microsoft Word 文档"命令，取默认名称。

3．文件/文件夹选定

① 选定单个文件/文件夹：单击该文件/文件夹。

② 选定多个连续的文件/文件夹：先单击要选定的第一个文件/文件夹，再按住【Shift】键，并单击要选定的最后一个文件/文件夹；或者在第一个文件/文件夹旁单击不放松，拖动鼠标到最后一个文件/文件夹。

③ 选定多个不连续的文件/文件夹：先按住【Ctrl】键，然后逐个单击要选定的文件/文件夹。

④ 选定全部文件/文件夹：按【Ctrl+A】组合键；或者在第一个文件或文件夹旁单击不放松，拖动鼠标到最后一个文件/文件夹。

4．文件/文件夹重命名

① 单击选中需要重命名的文件/文件夹，文件/文件夹名称将变为蓝底白字方框显示，接着单击文件/文件夹的名称框，则名称框成为可以改名的实框，输入新名，然后按【Enter】键。

② 右击需要重命名的文件或文件夹，选择"重命名"命令，输入新的文件或文件夹名，然后按【Enter】键。

③ 选中需要重命名的文件或文件夹，按【F2】键，输入新的文件或文件夹名，然后按【Enter】键。

5．文件/文件夹复制、粘贴

① 在"Win7 实训"文件夹中按住【Ctrl】键，依次选中 1.txt 和 2.txt，在其中一个文件上右击，选择"复制"命令，打开 AB 子文件夹，在窗口空白区域右击，选择"粘贴"命令。

② 在"Win7 实训"文件夹中选中 3.txt，按【Ctrl+C】组合键复制 3.txt，打开 CD 子文件夹，按【Ctrl+V】组合键粘贴 3.txt。

③ 在"Win7 实训"文件夹中按住【Ctrl】键，用鼠标将 4.txt 拖至 CD 子文件夹中。

6．文件/文件夹移动

① 右击"Win7 实训"文件夹中的 1.txt，选择"剪切"命令，打开 EF 子文件夹，右击窗口空白区域，选择"粘贴"命令。

② 在"Win7 实训"文件夹中选中 2.txt，按【Ctrl+X】组合键剪切 2.txt，打开 EF 子文件夹，按【Ctrl+V】组合键粘贴 2.txt。

③ 在"Win7 实训"文件夹中，用鼠标将 3.txt 拖至 EF 子文件夹中。

7．文件/文件夹删除

① 在"Win7 实训"文件夹中右击"4.txt"，右键单击选择"删除"命令。

② 在"Win7 实训"文件夹中选中"新建 Microsoft Word 文档.docx"，按【Delete】键。

③ 在"Win7 实训"文件夹中选中 EF 子文件夹，按【Shift+ Delete】组合键。

文本文件 4.txt 和 Word 文档"新建 Microsoft Word 文档.docx"被删除后放入回收站，必要时可将其还原至"Win7 实训"文件夹中，而 EF 子文件夹则直接从计算机中删除。

8．文件/文件夹的彻底删除与恢复删除

① 彻底删除文件/文件夹。打开"回收站"窗口，右击"新建 Microsoft Word 文档"，选择"删除"命令。如需彻底删除回收站中的所有文件/文件夹，可右击"回收站"图标，选择"清空回收站"命令。

② 恢复删除/文件夹。打开"回收站"窗口，右击 4.txt，选择"还原"命令。如需恢复回收站中所有删除的文件/文件夹，可单击工具栏中的"还原所有项目"命令。

9. 搜索文件/文件夹

查找计算机中所有的文本文件，文本文件的扩展名为 ".txt"。

① 单击 "开始" 按钮，在搜索栏中输入 "*.txt"，如图 4-1 所示，按【Enter】键。

② 打开 "计算机" 窗口，在搜索栏中输入 "*.txt"，如图 4-2 所示，按【Enter】键。

图 4-1 "开始" 菜单查找界面　　　　图 4-2 "计算机" 窗口查找界面

10. 文件/文件夹属性设置

右击 "Win7 实训" 文件夹中的 4.txt 文件，选择 "属性" 命令，在弹出的 "属性" 对话框中，选中 "只读" "隐藏" 复选框，单击 "确定" 按钮，如图 4-3 所示。

11. 查看隐藏文件/文件夹

打开 "计算机" 窗口，选择 "工具" → "文件夹选项" 命令，单击 "查看" 选项卡，在 "高级设置" 列表框中找到 "隐藏文件和文件夹" 选项，选中 "显示隐藏的文件、文件夹和驱动器" 复选框，如图 4-4 所示，单击 "确定" 按钮。

设置后，磁盘或文件夹中所有隐藏文件或文件夹都将被显示出来。如需将文件或文件夹隐藏起来，在 "隐藏文件和文件夹" 选项中选中 "不显示隐藏的文件、文件夹和驱动器" 复选框即可。

图 4-3 "属性" 窗口-
"常规" 选项卡

12. 显示或隐藏文件扩展名

打开 "计算机" 窗口，选择 "工具" → "文件夹选项" 命令，单击 "查看" 选项卡，在 "高级设置" 列表框中选中 "隐藏已知文件类型的扩展名" 复选框，单击 "确定" 按钮，如图 4-5 所示。

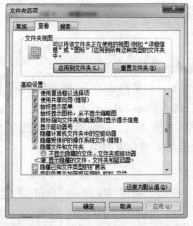
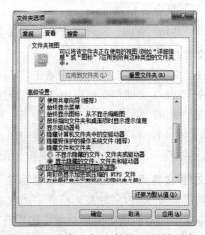

图 4-4 显示隐藏的文件　　　　图 4-5 隐藏已知文件类型的扩展名

设置后，已知文件类型的扩展名将被隐藏起来。如需将已知文件类型的扩展名显示出来，取消已选中的"隐藏已知文件类型的扩展名"复选框即可。

13．显示方式设置

打开"计算机"窗口，单击"查看"菜单，如图 4-6 所示，分别选择"超大图标"、"小图标""列表""详细信息"等命令，观察窗口中图标的变化。

14．格式化磁盘

插入 U 盘，确保 U 盘上文件/文件夹不再需要。打开"计算机"窗口，右击 U 盘，从弹出的快捷菜单中选择"格式化"命令，在"格式化"对话框的"格式化选项"栏中，选中"快速格式化"复选框，单击"开始"按钮，如图 4-7 所示。格式化完成后，单击"关闭"按钮。打开 U 盘，观察内容变化。

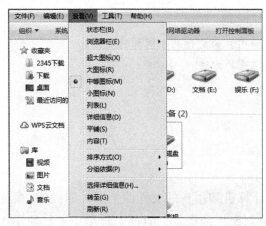

图 4-6 "查看"菜单　　　　图 4-7 "格式化"对话框

练 习 题

1．在桌面上建立一个以"学号+姓名"为名的文件夹，并在学号+姓名文件夹下建立一个名为"计算机系统"的文本文件。

2．查找第一个字母是 A 或 a 的文本文件，将搜索到的文件复制到"学号+姓名"的文件夹中。

3．在桌面上建立一个名为 plant 的写字板文档，然后将 plant 写字板文档移动到"学号+姓名"的文件夹中。

4．右击桌面空白区域，在弹出的快捷菜单中选择"排列方式"中的"修改日期"命令。

5．右击"计算机"图标，在弹出的快捷菜单中选择"重命名"命令，将其改名为"我的计算机"。

6．在 C 盘 Windows 文件夹窗口中选择多个不连续的文件/文件夹。

7．在 D 盘窗口中选择多个连续的文件/文件夹。

8．在 D 盘中创建文件，文件名为"试题.txt"，并将文件的属性设置为"隐藏"。

9．将"试题.txt"文件删除放入回收站，并将其还原，然后清空回收站。

10．将文件夹 D:\MLC（自建文件夹）设为只读形式。

11．将自己新买的 U 盘进行格式化。

实训 **5**

Windows 7 的其他操作

实训目的

- 掌握 Windows 7 显示或隐藏计算机和用户的文件两个图标的操作。
- 掌握桌面墙纸、屏幕保护、分辨率设置的方法。
- 掌握音量调整的操作方法。
- 掌握控制面板的操作方法。
- 掌握附件中常用小工具的操作方法。

实训内容

【案例 5-1】Windows 7 显示或隐藏计算机和用户的文件两个图标的操作；桌面墙纸、屏幕保护、分辨率设置；音量调整；控制面板的操作；附件中常用小工具的操作。

操作要求：

① Windows 7 显示或隐藏计算机和用户的文件两个图标的操作。

② 桌面墙纸、屏幕保护、分辨率设置。

③ 音量调整。

④ 控制面板的操作。

⑤ 附件中常用小工具的操作。

步骤提示：

1. 熟悉显示或隐藏"计算机"和"用户的文件"两个图标的操作

右击桌面空白区域，在弹出的快捷菜单中选择"个性化"命令，然后在"个性化"窗口左侧单击"更改桌面图标"命令，弹出"桌面图标设置"对话框，如图 5-1 所示。在"桌面图标"栏中选中或不选中"计算机"和"用户的文件"复选框即可显示或隐藏"计算机"和"用户的文件"。

2. 设置桌面墙纸，并将墙纸设为居中

右击桌面空白区域，在弹出的快捷菜单中选择"个性化"命令，然后在"个性化"窗口底部单击"桌面背景"图标，在"桌面背景"下拉列表框中选择自己喜欢的一幅背景图片，如图 5-2 所示。然后在"图片位置"列表中选择"居中"。

图 5-1 "桌面图标设置"对话框

图 5-2 桌面背景设置窗口

3. 设置当前屏幕保护为"彩带",等待时间为 5 分钟

右击桌面空白区域,在弹出的快捷菜单中选择"个性化"命令,然后在"个性化"窗口底部单击"屏幕保护程序"图标,弹出"屏幕保护程序设置"对话框,在"屏幕保护程序"下拉列表框中选择"彩带",设置"等待"时间为 5 分钟,单击"确定"按钮即可,如图 5-3 所示。

4. 将屏幕分辨率设置为 1 024×768 像素,颜色质量为真彩色 32 位,刷新率为 60 赫兹

右击桌面空白区域,在弹出的快捷菜单中选择"屏幕分辨率"命令,然后在"屏幕分辨率"窗口中单击"分辨率"下拉按钮,在"分辨率"下拉列表框中选择 1024×768,如图 5-4 所示。单击"高级设置"链接,在弹出的通用非即插即用监视器窗口"监视器"选项中,将"屏幕刷新频率"设为"60 赫兹";然后在"颜色"下拉列表框中选择"真彩色 32 位",单击"确定"按钮即可,如图 5-5 所示。

图 5-3 "屏幕保护程序设置"窗口

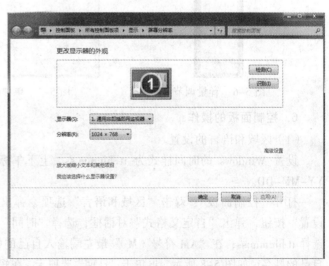

图 5-4 "屏幕分辨率"窗口

图 5-5 即插即用监视器窗口

5．调整音量

在任务栏的右边有一个小喇叭形状的扬声器图标，单击该图标，在弹出的窗口中上下拖动滑块，即可调整系统音量，如图 5-6 所示。

如果需要调整某个应用程序的音量，而不影响其他应用程序，则在图 5-6 中单击"合成器"链接。在弹出的对话框中，每个应用程序都有单独的音量调节滑块，上下拖动即可调节音量，如图 5-7 所示。

图 5-6 音量调节

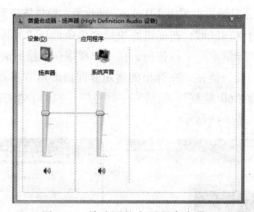

图 5-7 单独调整应用程序音量

6．控制面板的操作

（1）区域和语言的设置

设置 Windows 的时间样式为 tt hh:mm:ss，上下午标志为自己的姓名，日期为短日期样式 YY-MM-DD。

打开"控制面板"，双击"区域和语言"选项，弹出"区域和语言"对话框，单击"其他设置"按钮，弹出"自定义格式"对话框，选择"时间"选项卡，在"长时间"下拉列表框中选择 tt hh:mm:ss；在"AM 符号（M）"最左端输入自己的姓名；在"PM 符号（P）"最左端输入自己的姓名，如图 5-8 所示。再单击"日期"选项卡，在短日期下拉列表框中选择 YY-MM-DD，单击"确定"按钮即可，如图 5-9 所示。

 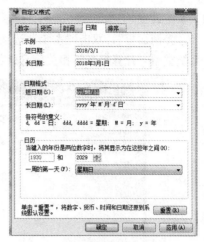

图 5-8　长时间的设置　　　　　　　　　　图 5-9　短日期的设置

（2）添加/删除输入法的设置

方法一：右击任务栏右侧"输入法"图标，在弹出的快捷菜单中选择"设置"命令，打开"文本服务和输入语言"对话框。单击"添加"按钮，弹出"添加输入语言"对话框，在对话框的列表框中展开"中文（简体，中国）"选项，选中一种输入法，单击"确定"按钮，如图 5-10所示。再展开任务栏输入法列表，查看有何变化。选中一种输入法，单击"删除"按钮可以将不需要的输入法从列表中删除。

方法二：打开"控制面板"，双击"区域和语言"，弹出"区域和语言"对话框，单击"键盘和语言"选项卡，再单击"更改键盘"按钮，弹出"文本服务和输入语言"对话框。单击"添加"按钮，弹出"添加输入语言"对话框，在对话框的列表框中展开"中文（简体，中国）"选项，选中一个输入法，单击"确定"按钮。再展开任务栏输入法列表，查看有何变化。选中一个输入法，单击"删除"按钮可以将不需要的输入法从列表中删除。

（3）创建一个新的账户

打开"控制面板"，双击"用户账户"选项，弹出"用户账户"对话框，单击"创建一个新账户"按钮，弹出"创建新账户"对话框，在"命名账户并选择账户类型"下方输入名字（如JSJ），再选择"管理员"类型，然后单击"创建账户"按钮即可，如图 5-11所示。

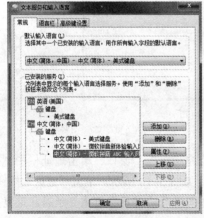 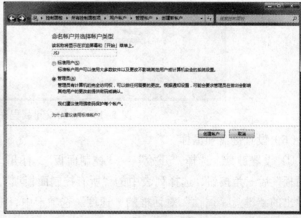

图 5-10　设置输入法　　　　　　　　　图 5-11　创建账户

（4）系统设置

打开"控制面板"，双击"系统"选项，打开"系统"窗口，可以查看系统版本、处理器、内存、系统类型、计算机名等相关信息，如图 5-12 所示。

图 5-12 "系统"窗口

（5）添加或删除程序

打开"控制面板"，双击"程序和功能"选项，打开"程序和功能"窗口，在卸载或更改程序下方选择自己所要卸载的程序（如卸载金山打字通），再单击"卸载"按钮即可，如图 5-13 所示。

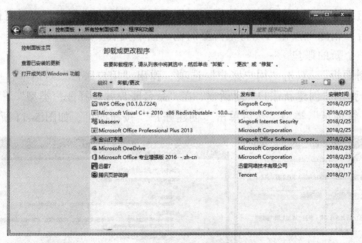

图 5-13 添加或卸载程序窗口

（6）设置键盘和鼠标

① 设置键盘：选择"开始"→"控制面板"，打开"控制面板"窗口，单击地址栏中"控制面板"后三角按钮，选择列表中的"所有控制面板项"，如图 5-14 所示。单击"键盘"按钮，在弹出的"键盘 属性"对话框的"速度"选项卡中，拖动滑动块设置字符重复延迟和重复速度、光标闪烁速度，如图 5-15 所示。

图 5-14 "所有控制面板项"窗口

② 设置鼠标：选择"开始"→"控制面板"，打开"控制面板"窗口，单击地址栏中的"控制面板"后的三角按钮，选择列表中的"所有控制面板项"，单击"鼠标"按钮，在弹出的"鼠标属性"对话框中还可以调换鼠标左右按键及设置鼠标双击速度，如图 5-16 所示。

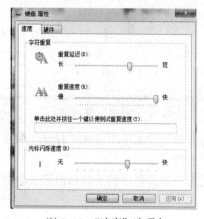

图 5-15 "速度"选项卡

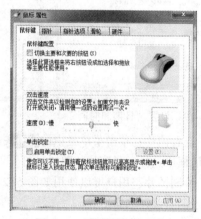

图 5-16 "鼠标键"选项卡

③ 更改鼠标指针：在"鼠标属性"对话框的"指针"选项卡和"指针选项"选项卡中，可以分别设置所需的指针类型和指针移动速度，如图 5-17 和图 5-18 所示。

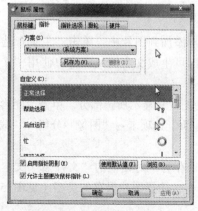

图 5-17 设置鼠标指针类型

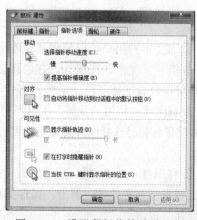

图 5-18 设置鼠标指针移动速度

（7）设置日期和时间

打开"控制面板"窗口，单击"日期和时间"选项，在打开的窗口中单击"日期和时间"选项卡中的"更改日期和时间"按钮（见图 5-19），在弹出的对话框中进行设置。

7. Windows 7 附件操作

（1）画图工具

画图是 Windows 中的一项基本功能，使用该功能可以绘制图形、编辑图片。

选择"开始"→"所有程序"→"附件"→"画图"命令，打开"画图"窗口，如图 5-20所示。

图 5-19 设置"日期和时间"

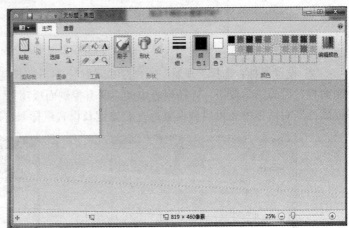

图 5-20 "画图"窗口

① 查看图片：单击菜单栏中的 █▼ 按钮，在打开的下拉菜单中选择"打开"命令，在弹出的对话框中选择一张图片，单击"打开"按钮即可查看。

② 绘制图片：用户可以使用如图 5-21 所示"图形"工具栏中的工具和形状来绘制一些图形，如绘制直线、三角形等。

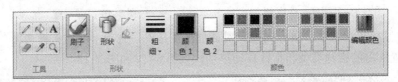

图 5-21 "图形"工具栏

③ 添加文本：用户可以使用"文本"工具将文本添加到图片中。单击"主页"选项卡→"工具"分组→"文本"按钮 **A**，在绘图区域单击，即可生成文本区域。用户使用"文本"工具，同样可以设置字体颜色、字形、字号等。

④ 裁剪图像：使用"裁剪"工具可剪切图片，使图片只显示所选部分。单击"矩形选择"工具，拖动鼠标指针选择图片要显示的部分，单击"主页"选项卡→"图像"分组→"裁剪"按钮即可。

⑤ 保存图像：单击"保存"按钮，在弹出的"保存为"对话框的"文件名"文本框中输入名称，指定一个文件名；单击"保存类型"下拉按钮，选择图片保存的类型（见图 5-22），单击"保存"按钮。

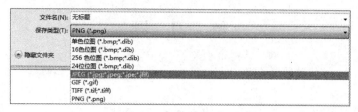

图 5-22 "保存"图片

（2）复制屏幕

先按【Win+D】组合键返回到桌面，接着按【Print Screen】键复制桌面，再启动"画图"程序，单击"画图"窗口"主页"选项卡→"剪贴板"分组→"粘贴"按钮，将整个桌面粘贴至画图程序中，最后单击"保存"按钮，保存位置选"桌面"，文件命名为"桌面.jpg"。

（3）记事本

记事本是一个基本的文本编辑程序，常用于查看和编辑文本文件。

选择"开始"→"所有程序"→"附件"→"记事本"命令，打开"记事本"窗口，如图 5-23 所示。

在"记事本"窗口中输入内容后，选择"文件"→"保存"命令，在弹出的"另存为"对话框的"文件名"文本框中输入名称，指定一个文件名，最后单击"保存"按钮，如图 5-24 所示。

图 5-23 "记事本"窗口

图 5-24 保存文件

（4）计算器

Windows 7 的计算器除了提供"标准型"加减乘除计算功能外，还提供了"科学型""程序员"与"统计信息"功能，同时也提供了"单位转换""日期计算"等功能。

选择"开始"→"所有程序"→"附件"→"计算器"命令，打开如图 5-25 所示的"计算器"窗口。如需选择计算器的其他功能，可通过"计算器"窗口中的"查看"菜单进行选择，如图 5-26 所示。

图 5-25 "计算器"窗口

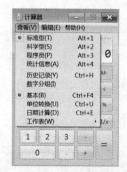

图 5-26 "查看"菜单

练 习 题

1. 设置 Windows 的时间样式为 tt hh:mm:ss，上下午标志为自己的姓名，日期为短日期样式 YY-MM-DD。

2. 设置屏幕保护程序为"彩带"，等待时间为"1分钟"。

3. 改变桌面墙纸为"Windows 7"，并改变屏幕保护程序为"气泡"。

4. 创建一个新的计算机管理员账户，账户名为 JSJKS。

5. 在写字板窗口输入特殊符号"※ & § ☆ ▲ №"，然后存为 D:\JSB4.docx。

6. 利用控制面板，将系统日期设置为 2018 年 11 月 8 日。

7. 找到控制面板中的程序，将"金山打字通"程序卸载。

8. 将屏幕分辨率设置为"1024×768 像素"，颜色质量为"真彩色 32 位"，刷新率为"75 赫兹"。

实训 **6**

Word 2013 基本操作

- 掌握建立、打开、编辑和保存文档的方法。
- 掌握文字格式及段落格式的设置，查找和替换、插入日期和时间、插入脚注和尾注的方法。
- 掌握首字下沉和分栏、边框和底纹、插入页眉、页脚和页码的方法。
- 掌握页面设置、拼音指南、带圈字符、项目符号和编号的方法。
- 掌握水印、插入公式的方法。

实训内容

【案例 6-1】文字格式及段落格式的设置、查找和替换、插入日期和时间、插入脚注和尾注。

操作要求：

① 新建一个 Word 文档，输入文字内容，并将其保存。

② 打开建立的文档，设置正文字体格式为楷体、小四，段落格式设置为两端对齐，段前、段后间距为 0.5 厘米，悬挂缩进两个字符，行距为固定值 24。

③ 将正文中的"无线"设置成红色、加着重号、突出显示（鲜绿）。

④ 在文档最后分别输入文字"制作人：张三"及日期，日期自动更新，段落格式设置为右对齐。

⑤ 在文档的结尾处插入尾注"本段文字截自《蓝牙技术名字的由来》"。

样张如图 6-1 所示。

步骤提示：

1. 输入文字内容并保存文档

① 选择"开始"→"所有程序"→"Microsoft Office 2013"→"Word 2013"命令，打开 Word 应用程序，系统自动创建一个 Word 文档，文档的默认文件名为"文档 1"。

② 在文档中输入文字内容，如图 6-1 所示。

③ 单击"保存"按钮，将文档以"实训 6-1"为文件名保存。

2. 设置文字内容的字体格式和段落格式

① 按【Ctrl+A】组合键选中全文，单击"开始"选项卡→"字体"分组→"字体"下拉按钮，在展开的列表中选择"楷体"，单击"字号"下拉按钮，在展开的列表中选择"小四"。

②　单击"段落"分组右下方的"对话框启动器"按钮，弹出"段落"对话框，在"对齐方式"下拉列表框中选择"两端对齐"，分别在"段前""段后"间距列表框中输入"0.5厘米"，在"特殊格式"下拉列表框选择"悬挂缩进"，在"缩进值"列表框输入"2字符"，在"行距"下拉列表框选择"固定值"，修改"设置值"为"24磅。

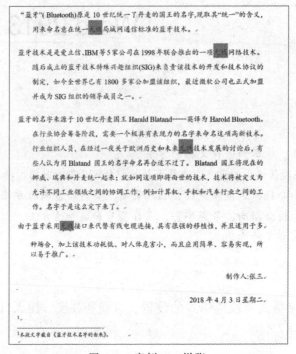

图6-1　案例6-1样张

3.使用替换功能设置文字格式

①　单击"开始"选项卡"字体"分组中的"以不同颜色突出显示文本"下拉按钮，在展开的列表中选择"鲜绿"，设置效果如图6-2所示。

图6-2　设置字体颜色

②　将光标定位到文档开始，单击"开始"选项卡"编辑"分组中的"替换"按钮，弹出"查找和替换"对话框，单击"更多"按钮展开对话框，在"搜索"下拉列表框中选择"向下"；参照图6-3设置查找和替换格式：在"查找内容"列表框中输入文本"无线"，在"替换为"列表框中输入文本"无线"，单击"格式"按钮（注意此时光标停在"替换为"列表框中），在展开的列表中选择"字体"选项，弹出"替换字体"对话框，单击"字体颜色"下拉按钮，选择"标准色"→"红色"，单击"着重号"下拉按钮，选择"·"，单击"确定"按钮返回到"查找和替换"对话框，再次单击"格式"按钮（注意此时光标停在"替换为"列表框中），在展开的列表中选"突出显示"选项，单击"全部替换"按钮完成替换。

图 6-3 "查找与替换"对话框–"替换"选项卡

4．输入制表人，插入日期和时间并设置段落格式

将插入点移至文档最后，按【Enter】键生成新的段落，输入文字"制作人：张三"，再按【Enter】键生成新的段落，单击"插入"选项卡→"文本"分组→"日期和时间"按钮，弹出"日期和时间"对话框，按图 6-4 所示选择"可用格式"，选中"自动更新"复选框，单击"确定"按钮；在选定栏按住鼠标左键选中最后两段，单击"开始"选项卡"段落"分组右下方的"对话框启动器"按钮，弹出"段落"对话框，在"对齐方式"下拉列表框中选择"右对齐"，单击"确定"按钮。

5．插入脚注和尾注

单击"引用"选项卡"脚注"分组右下角的"对话框启动器"按钮，弹出"脚注和尾注"对话框，选中"尾注"单选按钮，单击"编号格式"下拉按钮，选择格式"1，2，3…，"（见图 6-5），单击"插入"按钮，在文档结尾处输入"本段文字截自《蓝牙技术名字的由来》"

图 6-4 "日期和时间"对话框

图 6-5 "脚注和尾注"对话框

【案例 6-2】首字下沉和分栏，边框和底纹，插入页眉、页脚、页码。

操作要求：

① 打开建立的文档，设置正文字体格式为楷体、小四、段落格式设置为两端对齐、段前、

段后间距为 0.5 厘米，悬挂缩进两个字符，行距为固定值 24。将正文中的"无线"设置成阴影
-预设为向左偏移，距离为 10 磅，颜色为绿色。

② 设置最后一段距离正文 1 厘米、首字下沉 2 行并作偏右分栏，加分隔线。

③ 将第 2 段段首的"蓝牙技术"四字加上点横线、蓝色、1 磅方框和样式为 12.5%，颜色为浅蓝的图案底纹。

④ 将正文第 3 段添加阴影、红色、1.5 磅边框；添加艺术字、宽度为 20 磅的页面边框。

⑤ 添加页眉，内容为"蓝牙技术名字的由来"，居中对齐；在页脚插入页码，格式为"马赛克 1"。样张如图 6-6 所示。

图 6-6　案例 6-2 样张

步骤提示：

1. 输入文字并设置字体、段落格式和阴影

① 按照样张将文字进行输入，并将文档以"实训 6-2"为文件名保存。

② 设置文字内容的字体格式和段落格式。

按【Ctrl+A】组合键选中全文，单击"开始"选项卡→"字体"分组→"字体"下拉按钮，在展开的列表中选择"楷体"，单击"字号"下拉按钮，在展开的列表中选择"小四"。

单击"段落"组右下方的"对话框启动器"按钮，弹出"段落"对话框，在"对齐方式"下拉列表框中选择"两端对齐"，分别在"段前""段后"间距列表框中输入"0.5 厘米"，在"特殊格式"下拉列表框选择"悬挂缩进"，在"缩进值"列表框输入"2 字符"，在"行距"下拉列表框选择"固定值"，修改"设置值"为"24 磅"。

③ 设置文字阴影。单击"开始"选项卡→"字体"分组→"字体"下拉按钮，单击"文字效果"按钮，弹出"设置文本效果格式"对话框，在"设置文本效果格式"对话框中单击"文本效果"，单击"阴影"，选择"预设"，在"预设"下拉列表框中选择"外部-向左偏移，距离

–10 磅"，在"阴影"下方选择"颜色"，在"颜色"下拉列表框中选择"绿色"。

2．输入文字并设置分栏和首字下沉

① 按照样张将输入文字，并将文档以"实训 6–2"为文件名保存。

② 设置分栏和首字下沉。

- 分栏：先选定最后一段文字，单击"页面布局"选项卡→"页面设置"分组→"分栏"下拉按钮，在展开的列表中选择"更多分栏"，弹出"分栏"对话框，如图 6–7 所示。在"预设"区域选择"偏右"，选中"分隔线"复选框，单击"确定"按钮。
- 首字下沉：单击"插入"选项卡→"文本"分组→"首字下沉"下拉按钮，在展开的列表中选择"首字下沉选项"，弹出如图 6–8 所示的"首字下沉"对话框，单击"下沉"，设置下沉行数为"2"，距正文为"1 厘米"，单击"确定"按钮。

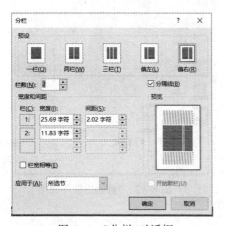

图 6–7　"分栏"对话框

图 6–8　"首字下沉"对话框

3．设置文字的边框和底纹

选中第 2 段段首的"蓝牙技术"文字，单击"设计"选项卡→"页面背景"分组→"页面边框"按钮，弹出"边框和底纹"对话框；选择"边框"选项卡，如图 6–9 所示进行边框设置，单击"方框"，设置样式为"点横线"、颜色为"蓝色"、宽度为"1 磅"，应用于"文字"；选择"底纹"选项卡，如图 6–10 所示进行底纹设置，设置"图案"的"样式"为"12.5%"，颜色为"浅蓝"，应用于"文字"，单击"确定"按钮。

图 6–9　"边框"选项卡

图 6–10　"底纹"选项卡

4．设置段落的边框

① 选中第 3 段，单击"设计"选项卡"页面背景"分组中的"页面边框"按钮，弹出"边框和底纹"对话框；选择"边框"选项卡，如图 6-11 所示进行边框设置，单击"阴影"，设置"颜色"为"红色"，"宽度"为"1.5 磅"，应用于"段落"，单击"确定"按钮。

② 单击"设计"选项卡→"页面背景"分组→"页面边框"按钮，弹出"边框和底纹"对话框；如图 6-12 所示进行"页面边框"设置，单击"自定义"，设置"艺术型"，"宽度"为"20 磅"，在右侧预览图的上、下边框位置分别单击去除上、下边框线，应用于"整篇文档"，单击"确定"按钮。

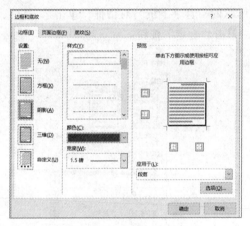
图 6-11 "边框"选项卡

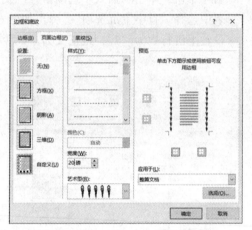
图 6-12 "页面边框"选项卡

5．设置页眉和页脚

单击"插入"选项卡→"页眉和页脚"分组→"页眉"下拉按钮，在展开的列表中选择"编辑页眉"，切换到页眉编辑界面，在页眉区输入文字"蓝牙技术名字的由来"，单击"开始"选项卡"段落"分组中的"居中"按钮，使文本居中对齐；单击"页眉和页脚工具-设计"选项卡"导航"分组中的"转至页脚"按钮，切换到页脚编辑界面，如图 6-13 所示。单击"页眉和页脚工具-设计"选项卡→"页眉和页脚"分组→"页码"下拉按钮，选择"页面底端"，将鼠标移动到右侧的列表区，选择"马赛克 1"，单击"关闭页眉和页脚"按钮结束编辑。

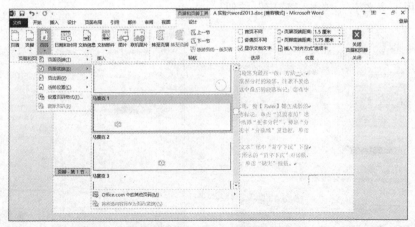
图 6-13 "插入页码"编辑界面

【案例 6-3】拼音指南、带圈字符、页面设置、项目符号和编号。

操作要求：

① 设置纸张大小为 B5，纸张方向为横向，上、下、左、右边距均为 2 厘米。

② 设置首行居中作为文章标题，按照样张所示为“企业防毒”文字添加增大圈号的带圈字符，为文字“等到火烧房子才打水救火”添加拼音指南，字号为 8。

③ 按照样张所示，设置项目符号，项目符号格式为红色、加粗、四号，调整项目符号文本缩进 1.5 厘米；将正文最后五段文字按照样张所示设置编号。

④ 设置文档的保护密码为“1234”。

样张如图 6-14 所示。

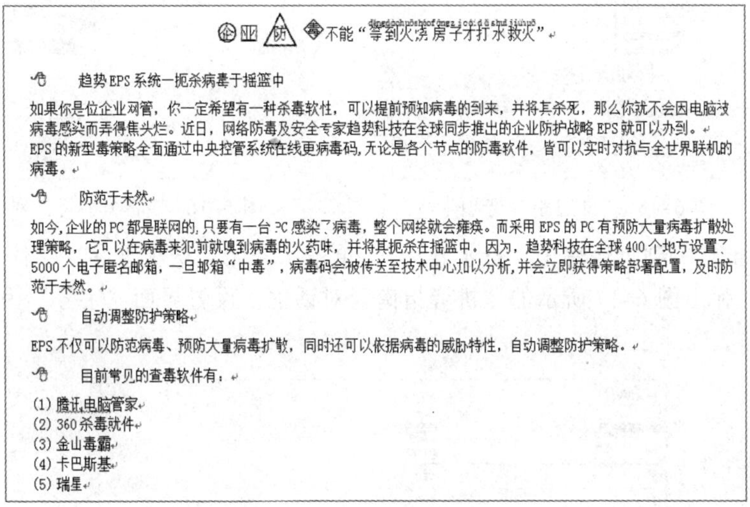
企业防毒不能“等到火烧房子才打水救火”

趋势 EPS 系统一扼杀病毒于摇篮中

如果你是位企业网管，你一定希望有一种杀毒软性，可以提前预知病毒的到来，并将其杀死，那么你就不会因电脑被病毒感染而弄得焦头烂。近日，网络防毒及安全专家趋势科技在全球同步推出的企业防护战略 EPS 就可以办到。
EPS 的新型毒策略全面通过中央控管系统在线更病毒码，无论是各个节点的防毒软件，皆可以实时对抗与全世界联机的病毒。

防范于未然

如今，企业的 PC 都是联网的，只要有一台 PC 感染了病毒，整个网络就会瘫痪。而采用 EPS 的 PC 有预防大量病毒扩散处理策略，它可以在病毒来犯前就嗅到病毒的火药味，并将其扼杀在摇篮中。因为，趋势科技在全球 400 个地方设置了 5000 个电子匿名邮箱，一旦邮箱“中毒”，病毒码会被传送至技术中心加以分析，并会立即获得策略部署配置，及时防范于未然。

自动调整防护策略

EPS 不仅可以防范病毒、预防大量病毒扩散，同时还可以依据病毒的威胁特性，自动调整防护策略。

目前常见的查毒软件有：

(1) 腾讯电脑管家
(2) 360 杀毒软件
(3) 金山毒霸
(4) 卡巴斯基
(5) 瑞星

图 6-14　案例 6-3 样张

步骤提示：

1. 新建文档并设置纸张

① 新建一个 Word 2013 文档，并将文档以“实训 6-3”为文件名保存。

② 设置纸张大小、纸张方向和页边距。单击“页面布局”选项卡→“页面设置”分组→“纸张大小”下拉按钮，在展开的列表中选择“B5（J1S）”，单击“纸张方向”下拉按钮，在展开的列表中选择“横向”，单击“页边距”下拉按钮，在展开的列表中选择“自定义边距”，弹出图 6-15 所示的“页面设置”对话框，在“页边距”选项卡中设置上、下、左、右边距均为“2 厘米”，单击“确定”按钮。

2. 设置文字字体样式和拼音

① 将光标移至首行，单击“开始”选项卡→“段落”分组→“居中”按钮使其居中显示；选中文字“企”，单击“开始”选项卡“字体”分组中的“带圈字符”按钮，弹出如图 6-16 所示的“带圈字符”对话框，选中样式为“增大圈号”，圈号为“o”，单击“确定”按钮；按照上述步骤分别设置“业”“防”“毒”的带圈字符。

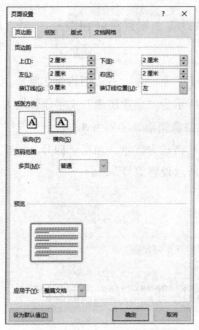

图 6-15 "页边距"选项卡   图 6-16 "带圈字符"对话框

② 选中文字"等到火烧房子才打水救火",单击"开始"选项卡→"字体"分组→"拼音指南"按钮,弹出图 6-17 所示的"拼音指南"对话框。设置界面"字号"为 8,单击"确定"按钮。

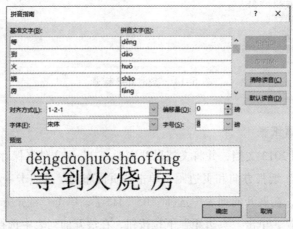

图 6-17 "拼音指南"对话框

3. 设置项目符号和项目编号

① 按住【Ctrl】键的同时选中正文第 1、4、6、8 段,单击"开始"选项卡→"段落"分组→"项目符号"下拉按钮,在展开的列表中选择"定义新项目符号",弹出如图 6-18 所示的"定义新项目符号"对话框,单击"符号"按钮,弹出"符号"对话框,找到如图 6-19 所示的符号(字符代码 56),单击"确定"按钮,返回到"定义新项目符号"对话框。单击"字体"按钮,弹出"字体"对话框,设置"字体颜色"为红色、"字形"为加粗、"字号"为四号,单击"确定"按钮,返回到"定义新项目符号"对话框,单击"确定"按钮,完成项目符号的设置。

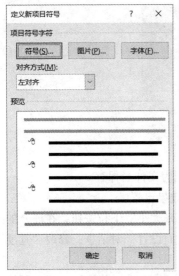

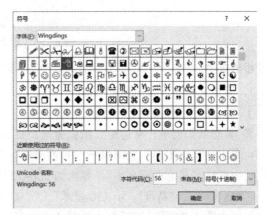

图 6-18 "定义新项目符号"对话框　　　　　　　图 6-19 "符号"对话框

② 选中项目符号并右击，在弹出的快捷菜单中选择"调整列表缩进"命令，弹出"两整列表缩进量"对话框，在"文本缩进"微调框中输入"1.5 厘米"，单击"确定"按钮。

③ 选中正文最后五段文字，单击"开始"选项卡"段落"分组中的"编号"下拉按钮，在展开的列表中选择样张所示的文档编号格式即可。

4．加密文档

单击"文件"→"信息"→"保护文档"下拉按钮，在展开的列表中选择"用密码进行加密"，弹出图 6-20 所示的设置对话框，输入密码"1234"，单击"确定"按钮，再次输入密码即可。

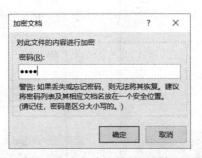

图 6-20 "加密文档"对话框

【**案例 6-4**】页面设置、水印、插入公式。

操作要求：

① 设置纸张大小为：宽 15 厘米、高 30 厘米，横向上、下页边距为 3 厘米，左、右页边距为 4 厘米，页面填充颜色设为"雨后初晴"。

② 添加文字水印"公式"：幼圆、80、黄色、半透明、倾斜。

③ 按照样张所示输入公式，设置字体大小为初号。

样张如图 6-21 所示。

$$(uv)^{(n)} = \sum_{k=0}^{n} c_n^k \, u^{(n-k)} v^{(k)}$$

图 6-21　案例 6-4 样张

步骤提示：

1. 新建文档并设置纸张和背景

① 新建一个 Word 2013 文档，并将文档以"实训 6-4"为文件名保存。

② 页面纸张大小、页边距、纸张方向及页面背景填充效果设置。

- 单击"页面布局"选项卡→"页面设置"分组→"纸张大小"下拉按钮，在展开的列表中选择"其他页面大小"，弹出如图 6-22 所示的"页面设置"对话框，修改"宽度"为"15 厘米"、"高度"为"30 厘米"。

- 在如图 6-22 所示对话框中选择"页边距"选项卡（见图 6-23），设置上、下边距为 3 厘米，左、右边距为 4 厘米；在"纸张方向"区域单击"横向"按钮，单击"确定"按钮。

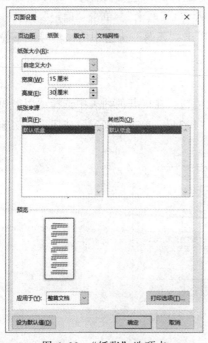

图 6-22　"纸张"选项卡　　　　　　　图 6-23　"页边距"选项卡

单击"设计"选项卡→"页面背景"分组→"页面颜色"下拉按钮，在展开的列表中选择"填充效果"，弹出图 6-24 所示的"填充效果"对话框，选择"颜色"区域的"预设"单选按钮，单击"预设颜色"下拉按钮，在展开的列表中选择"雨后初晴"，单击"确定"按钮完成页面设置。

2. 页面背景水印效果设置

单击"设计"选项卡→"页面背景"分组→"水印"下拉按钮，在展开的列表中选择"自定义水印",弹出图 6-25 所示的"水印"对话框,选中"文字水印"单选按钮,在"文字"组合框中输入文字"公式",单击"字体"下拉按钮,设置字体为"幼圆",在"字号"组合框中输入"80",单击"颜色"下拉按钮,在展开的列表中选择"标准色"→"黄色",选中"半透明"复选框,单击"确定"按钮完成水印设置。

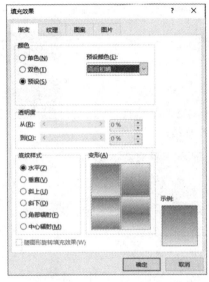

图 6-24　"填充效果"对话框

图 6-25　"水印"对话框

3．插入公式

① 单击"插入"选项卡"符号"分组→"公式"下拉按钮,如图 6-26 所示,在展开的列表中选择"插入新公式",文档显示公式编辑状态。

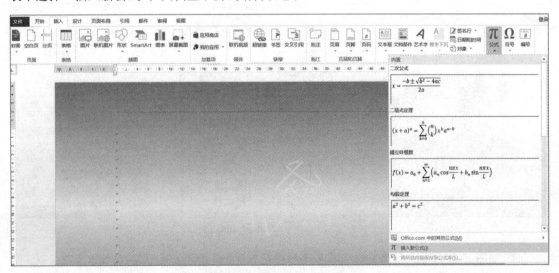

图 6-26　"插入新公式"界面

② 选中文档公式编辑区域,切换为英文输入法,如图 6-27 所示。单击"公式工具-设计"选项卡→"结构"分组→"上下标"下拉按钮,在展开的列表中选择"上标和下标"→"上标",此时公式编辑区域出现上标结构,单击选中前部方框,输入字符"(uv)",移动光标到上标方框,

输入字符"(n)",如图 6-28 所示。通过单击或利用键盘方向键将光标移出上标区,以便输入后续公式内容。

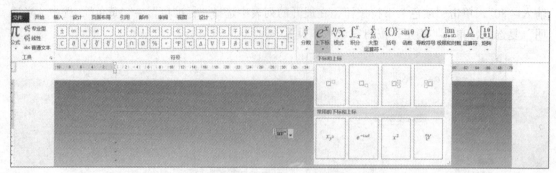

图 6-27　编辑公式-上标结构

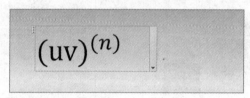

图 6-28　输入字符

③ 在光标后输入符号"=",如图 6-29 所示,单击"公式工具-设计"选项卡→"结构"分组→"大型运算符"下拉按钮,在展开的列表中选择"求和"→"求和",此时公式编辑区域出现求和结构,在求和符号上部方框输入字符"n",移动光标到求和符号下部方框,输入字符"k=0"。

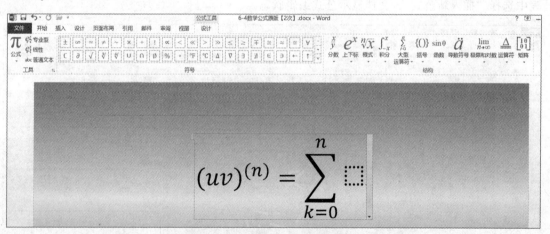

图 6-29　输入公式-求和结构

④ 如图 6-30 所示,移动光标到求和符号右端方框,单击"公式工具-设计"选项卡→"结构"分组→"上下标"下拉按钮,在展开的列表中选择"上标和下标"→"下标→上标";单击选中前部方框,输入字符"C",移动光标到上标方框,输入字符"k",移动光标到下标方框,输入字符"n",如图 6-31 所示。将光标移出下标区,以便输入后续公式内容。

⑤ 依次按照题目要求输入后续公式部分，步骤类似第③、④步。

⑥ 选中公式，单击"开始"选项卡→"字体"分组→"字号"下拉按钮，在展开的列表中选择"初号"即可。

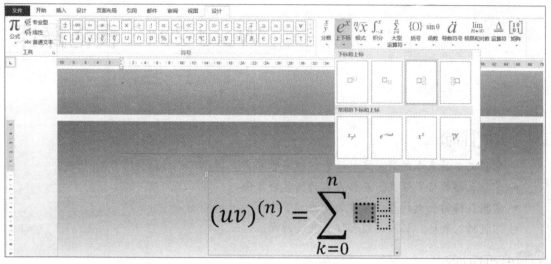

图6-30　输入公式-上标-下标结构

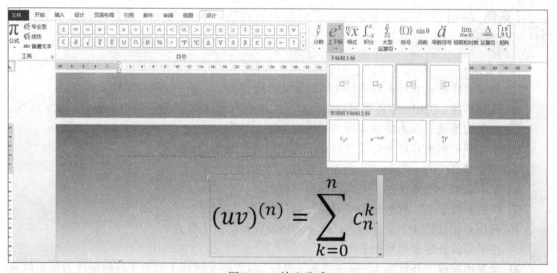

图6-31　输入公式

练 习 题

新建一个文档，并进行保存；再输入文字（文字任意），输入文字之后进行文字格式及段落格式的设置、查找和替换、插入日期和时间、插入脚注和尾注；首字下沉和分栏、边框和底纹、插入页眉、页脚、页码；拼音指南、带圈字符、页面设置、项目符号和编号。

实训 **7**

实训目的

- 掌握文本的基本编写、文档与表格转换的方法。
- 掌握表格的格式设置、表格内容的编辑的方法。
- 掌握表格的公式计算、排序的方法。
- 掌握插入表格、插入边框和设置底纹的方法。

实训内容

【案例 7-1】文本的基本编写，文档与表格转换，表格的格式设置，表格内容的编辑、公式计算、排序。

操作要求:

① 将文本转换成 5 行 6 列表格（以逗号为分隔符）。

② 添加标题:"2016 年各类书籍销售情况统计表",幼圆、二号、加粗、居中、双下画线。

③ 在平均值列的前面增加 1 列,列标题为"合计"。

④ 第 1 列根据内容设为最适合列宽,其各列宽度为 2.2 厘米。

⑤ 第 1 行高度为 1 厘米,其余各行均为 0.75 厘米。

⑥ 整个表格于页面居中,表内容为水平居中。

⑦ 设置斜线表头,行标题为"书籍",列标题为"季度"。

⑧ 利用公式计算 4 个季度的合计和平均值（保留两位小数点）。

⑨ 按平均值升序排列整个表格。

⑩ 设置边框线（外框为 1.5 磅双线框,内框为 1.5 磅单线框）和第 1 行的底纹为图案填充（样式:20%,颜色:红色）。

样张如图 7-1 所示。

2016 年各类书籍销售情况统计表

书籍\季度	童话	漫画	科普	趣味数学	合计	平均值
第一季度	63	75	11	48	197	49.25
第二季度	88	101	47	20	256	64.00
第三季度	95	115	23	65	298	74.50
第四季度	120	205	57	98	480	120.00

图 7-1　案例 7-1 样张

步骤提示：

1. 步骤提示 1

① 新建一个 Word 2013 文档，并将文档以"实训 7-1"为文件名保存。

② 先按样张输入文字，再按【Ctrl+A】组合键选中全文，单击"插入"选项卡→"表格"分组中的"表格"下拉按钮，在展开的列表中选择"文本转换成表格"，弹出如图 7-2 所示的"将文字转换成表格"对话框，设置列数、行数后单击"确定"按钮即可。

2. 步骤提示 2

在表格上方输入文本"2016 年各类书籍销售情况统计表"，选中文字并右击，在弹出的快捷菜单中选择"字体"命令，弹出如图 7-3 所示的"字体"对话框，选择"字体"选项卡进行设置；单击"中文字体"下拉按钮，在展开的列表中选择"幼圆"，设置"字形"为"加粗"，在"字号"列表框中选择"二号"，在"下画线线型"下拉列表框中选择"双下画线"，单击"确定"按钮；单击"开始"选项卡"段落"分组中的"居中"按钮设置段落居中；单击表格的任意位置，单击表格左上角的移动控制点，移动表格到文本下方。

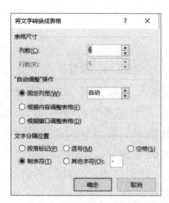

图 7-2 "将文字转换成表格"对话框

图 7-3 "字体"对话框

3. 步骤提示 3

将光标定位到"平均值"列的任意位置并右击，选择"插入"→"在左侧插入列"命令，为新列的第 1 行添加列标题"合计"。

4. 步骤提示 4

选中表格第 1 列，单击"表格工具-布局"选项卡"单元格大小"分组→"自动调整"下拉按钮，在展开的列表中选择"根据内容自动调整表格"命令；选中表格第 2～7 列，在"表格工具-布局"选项卡→"单元格大小"分组→"宽度"列表框中输入"2.2 厘米"。

5. 步骤提示 5

选中表格第 1 行，在"表格工具-布局"选项卡→"单元格大小"分组→"高度"列表框中输入"1 厘米"；选中表格第 2～5 行，在"表格工具-布局"选项卡→"单元格大小"分组→"高度"列表框中输入"0.75 厘米"。

6．步骤提示 6

选中整张表格，单击"表格工具-布局"选项卡→"对齐方式"分组→"水平居中"按钮；选中表格，或者单击"开始"选项卡"段落"分组→"居中"按钮。

7．步骤提示 7

将光标移动到第 1 行第 1 列单元格，单击"表格工具-设计"选项卡→"表格样式"分组→"边框"下拉按钮，在展开的列表中选择"斜下框线"；按照样张所示输入行标题"书籍"、列标题"季度"（可利用空格、【Enter】和【Backspace】键调整位置）。

8．步骤提示 8

① 将光标移动到至第 2 行第 6 列，单击"表格工具-布局"选项卡→"数据"分组→"公式"按钮，弹出如图 7-4 所示的"公式"对话框，公式为"=SUM(LEFT)"，单击"确定"按钮；复制第 2 行第 6 列的内容粘贴到"合计"列其他单元格；分别选中"合计"列的其他 3 个单元格并右击，在弹出的快捷菜单中选择"更新域"命令即可，如图 7-5 所示。也可同时选择其他 3 个单元按【F9】键完成"更新域"的操作。

图 7-4　"求合计公式"对话框

图 7-5　"更新域"设置界面

② 将光标移动到第 2 行第 7 列，参照上述步骤，在如图 7-6 所示的"公式"对话框中输入公式"=F2/4"，单击"编号格式"下拉按钮，在展开的列表中选择"#,##0.00"，单击"确定"按钮；复制第 2 行第 7 列的内容粘贴到"平均值"列其他单元格；分别在"平均值"列其他 3 个单元格中右击，在弹出的快捷菜单中选择"切换域代码"命令，如图 7-7 所示依次修改单元格中的公式，按【Al+F9】组合键退出域代码编辑界面。分别选中"合计"列的其他 3 个单元格并右击，在弹出的快捷菜单中选择"更新域"命令即可。

图 7-6　"公式"对话框

图 7-7　修改"域代码"界面

9．步骤提示 9

将光标移动到表格的任意位置，单击"表格工具-布局"选项卡→"数据"分组→"排序"按钮，弹出图 7-8 所示的"排序"对话框，在"主要关键字"下拉列表框中选择"平均值"，类型设为"数字"，选中"升序"单选按钮，单击"确定"按钮。

10. 步骤提示 10

① 选中表格，单击"表格工具-设计"选项卡→"表格样式"分组→"边框"下拉按钮，在展开的列表中选择"边框和底纹"，弹出图 7-9 所示的"边框和底纹"对话框。在"边框"选项卡中单击"自定义"，外框线设置样式为双线，宽度为"1.5 磅"，在预览区分别单击上、下、左、右外框线应用以上设置；内框线设置样式为单线，宽度为"1.5 磅"，在预览区分别单击内框线应用以上设置，单击"确定"按钮完成设置。

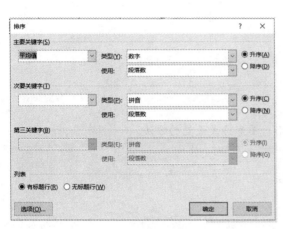

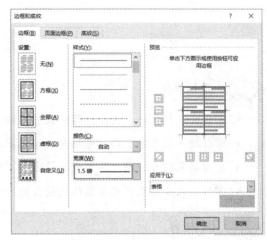

图 7-8 "排序"对话框　　　　　　　　　图 7-9 "边框"选项卡

② 选中第 1 行，单击"表格工具-设计"选项卡→"表格样式"分组→"边框"下拉按钮，在展开的列表中选择"边框和底纹"，弹出图 7-10 所示的对话框，在"底纹"选项卡中，单击"样式"下拉按钮，在展开的列表中选择"20%"，单击"颜色"下拉按钮，在展开的列表中选择"标准色"→"红色"，单击"确定"按钮完成设置。

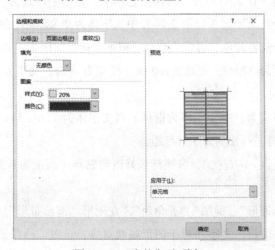

图 7-10 "底纹"选项卡

练 习 题

新建一个文档，命名为"课堂表"，并进行保存；然后在"课堂表"文档内创建一个课堂表。

实训 ⑧

Word 2013 文档的排版

实训目的

- 掌握文字格式的设置，段落的设置方法。
- 掌握插入艺术字、插入剪贴画、绘制图形、图形格式设置的方法。
- 掌握插入图片、图片格式设置的方法。
- 掌握插入文本框、文本框格式设置的方法。

实训内容

【案例 8-1】文字格式的设置、段落的设置、插入艺术字、插入剪贴画、绘制图形、图形格式设置。

操作要求：

① 按照样张将标题"什么是 SUV"转换为艺术字，艺术字样式为"填充–黑色，文本，轮廓–背景 1，清晰阴影–着色 1"（第 3 行第 2 列），中文字体为华文琥珀，西文字体为 Arial Unicode MS，字号为 28；文字填充为黄色、边框为红色、粗细 1 磅，加阴影：阴影样式为"外部向右偏移"、颜色为蓝色、角度为 320°、距离为 10 磅、模糊为 0 磅，文字方向为垂直，位置为"顶部居右，四周型文字环绕。

② 设置正文字体格式为：中文字体为楷体、西文字体为 Times New Roman、小四，段落格式设置为首行缩进 2 字符，行距为 1.5 倍行距。

③ 插入剪贴画（搜索 car 查找），参照样张修改剪贴画（高度为 6 厘米，宽度为 8 厘米），水平翻转，紧密型环绕。

④ 插入图形"前凸带形""椭圆""五角星"，在图形"前凸带形"中添加文字"运动型多用汽车"：黑体、四号、加粗、文字相对于图形底端对齐；设置"凸带形""椭圆"形状样式为"彩色填充—橙色，强调颜色 6"，"五角星"形状样式为"浅色 1 轮廓，彩色填充—水绿色，强调颜色 5"；按照样张调整图形的叠放次序，组合图形并设置图形上下型环绕。

样张如图 8-1 所示。

图 8-1　案例 8-1 样张

步骤提示：

1. 步骤提示 1

① 新建一个 Word 2013 文档，并将文档以"实训 8-1"为文件名保存。

② 选中文字"什么是 SUV"（注意：为了后续排版方便，此处仅选中文字部分，不要将段落标记选中），单击"插入"选项卡→"文本"分组→"艺术字"下拉按钮（见图 8-2），在展开的列表中选择"第 3 行第 2 列"或选择"填充-黑色，文本，轮廓-背景 1，清晰阴影-着色 1"的艺术字样式。

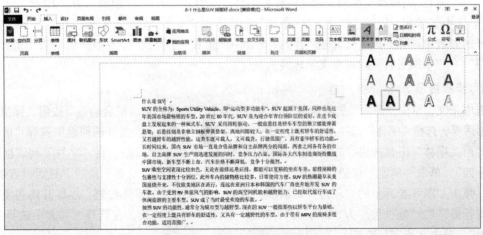

图 8-2　插入"艺术字"界面

③ 选中艺术字，单击"开始"选项卡→"字体"分组右下角的"对话框启动器"按钮，弹出如图 8-3 所示的"字体"对话框，单击"中文字体"下拉按钮，在展开的列表中选择"华文琥珀"，单击"西文字体"下拉按钮，在展开的列表中选择 Arial Unicode MS，在"字号"文本框中输入"28"，单击"确定"按钮。

图 8-3 "字体"对话框

④ 选中艺术字，单击"绘图工具-格式"选项卡→"艺术字样式"分组→"文本填充"下拉按钮，在展开的列表中选择"标准色→黄色"；单击"艺术字样式"分组中的"文本轮廓"下拉按钮，在展开的列表中选择"标准色"→"红色"，单击"粗细"列表项，在右侧展开的选项中选择"1 磅"；单击"艺术字样式"分组中的"文本效果"下拉按钮，在展开的列表中选择"阴影"→"阴影选项"，弹出如图 8-4 所示的"设置形状格式"对话框，单击"预设"下拉按钮，在展开的选项中选择"外部"→"向右偏移"，单击"颜色"下拉按钮，在展开的选项中选择"标准色"→"蓝色"，修改"模糊"为"0 磅"，"角度"为"320°"，"距离"为"10 磅"。

⑤ 选中艺术字，单击"绘图工具-格式"选项卡→"文本"分组→"文字方向"下拉按钮，在展开的列表中选择"垂直"，单击"排列"分组→"位置"下拉按钮，在展开的列表中选择"文字环绕"→"顶端居右，四周型文字环绕"。

2. 步骤提示 2

选中正文，单击"开始"选项卡→"字体"分组右下角的"对话框启动器"按钮，弹出"字体"对话框，选择"字体"选项卡，单击"中文字体"下拉按钮，在展开的列表中选择"楷体"，单击"西文字体"下拉按钮，在展开的列表中选择 Times New Roman，在"字号"列表框中选择"小四"，单击"确定"按钮；单击"开始"选项卡→"段落"组右下角的"对话框启动器"按钮，弹出如图 8-5 所示的"段落"对话框，单击"特殊格式"下拉按钮，在展开的列表中选择"首行缩进"，"缩进值"为"2 字符"，单击"行距"下拉按钮，在展开的列表中选择"1.5 倍行距"，单击"确定"按钮。

图 8-4 "设置形状格式"对话框

图 8-5 "段落"对话框

3. 步骤提示 3

① 将光标移动到正文，单击"插入"选项卡→"插图"分组→"联机图片"按钮，弹出"插入图片"对话框，选择"必应图像搜索"，然后在"必应图像搜索"文本框中输入 car，单击"搜索"按钮，在类型选项卡中选择"插图"弹出如图 8-6 所示界面，选择样张所示剪贴画；单击剪贴画，在展开的列表中再单击"插入"按钮。

② 单击"绘图工具-格式"选项卡→"排列"分组→"旋转"下拉按钮，在展开的列表中选择"水平翻转"，如图 8-7 所示；然后在选项卡"大小"启动器组中设置高度为 6 厘米，宽度为 8 厘米。

图 8-6 插入"剪贴画"界面

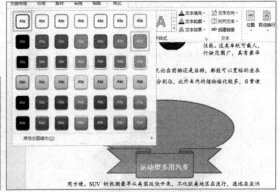

图 8-7　剪贴画水平翻转

③ 选中剪贴画，（按照样张调整剪贴画位置）单击"绘图工具-格式"选项卡→"排列"分组→"自动换行"下拉按钮，在展开的列表中选择"紧密型环绕"即可。

4. 步骤提示 4

① 单击"插入"选项卡→"插图"分组→"形状"下拉按钮，在展开的列表中选择"星与旗帜"→"前凸带形"，按住鼠标左键，在文档中沿对角线拖动绘制如样张所示的"前凸带形"图形。

② 选中图形并右击，在弹出的快捷菜单中选择"添加文字"命令，则可见到光标在图形内部闪动；在"开始"选项卡"字体"分组中设置字体为"黑体"、字号为"四号""加粗"，输入文字"运动型多用汽车"；单击"绘图工具-格式"选项卡→"文本"分组→"对齐文本"下拉按钮，在展开的列表中选择"底端对齐"，调整图形大小，如图 8-8 所示。

③ 选中图形，如图 8-9 所示，单击"绘图工具-格式"选项卡→"形状样式"分组中预设样式右下端的"其他"按钮，显示所有形状或线条的外观形式，在展开的样式中选择"彩色填充-橙色，强调颜色 6"即可。

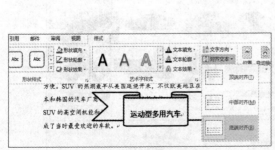

图 8-8　"对齐文本"对话框　　　　　图 8-9　"图形"样式设置界面

④ 分别重复以上 3 个步骤插入图形"椭圆""五角星"，设置"椭圆"形状样式为"彩色填充-橙色，强调颜色 6"；"五角星"形状样式为"浅色 1 轮廓，彩色填充-水绿色，强调颜色 5"。

⑤ 如图 8-10 所示，选择合适的图形后右击，利用快捷菜单中的"置于顶端""置于底层"命令调整图叠放次序；按住【Ctrl】键的同时分别选中 3 个图形后右击，弹出如图 8-11 所示的快捷菜单，选择"组合"→"组合"命令。

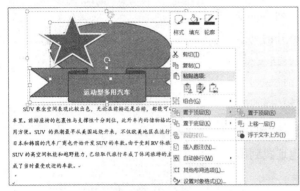

图 8-10 "调整图形叠放次序"图形

图 8-11 图形"组合"界面

⑥ 选中图形，单击"绘图工具-格式"选项卡→"排列"分组→"自动换行"下拉按钮，在展开的列表中选择"上下型环绕"即可，按照样张调整剪贴画位置。

【案例 8-2】段落的设置、插入图片、图片格式设置、插入文本框、文本框格式设置。

操作要求：

① 将正文中所有段落首行缩进 2 字符，行距为多倍行距，设置值为 1.25。

② 插入文件名为 8-2.jpg 图片，设置图片高度为 4.5 厘米、宽度为 7 厘米，按照样张进行图文混排，并为图片添加 6 磅蓝色双线边框。

③ 为正文第一段添加横排文本框，为文本框添加"细微效果-橄榄色、强调颜色 3"的样式，并设置文本框架阴影为右上斜偏移，距离为 10 磅。

样张如图 8-12 所示。

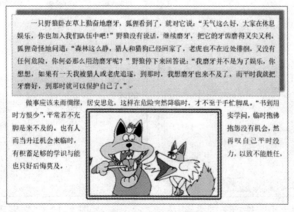

图 8-12 案例 8-2 样张

步骤提示：

1. 步骤提示 1

① 新建一个 Word 2013 文档，并将文档以"实训 8-2"为文件名保存，然后按样张输入文字。

② 按【Ctrl+A】组合键选中全文，单击"开始"选项卡→"段落"分组右下方的"对话框启动器"按钮，弹出"段落"对话框，单击"特殊格式"下拉按钮，在展开的列表中选择"首行缩进"，在"缩进值"列表框中输入"2字符"；单击"行距"下拉按钮，在展开的列表中选择"多倍行距"，修改"设置值"为"1.25"，如图 8-13 所示。

2. 步骤提示 2

① 单击"插入"选项卡→"插图"分组→"图片"按钮，弹出"插入图片"对话框，按照图片地址找到图片，单击"插入"按钮完成插入。

② 选中图片，单击"图片工具-格式"选项卡→"大小"分组右下方的"对话框启动器"按钮，弹出如图 8-14 所示的"布局"对话框，取消选择"锁定纵横比"复选框，在"高度"的"绝对值"微调框中输入"4.5厘米"，在"宽度"的"绝对值"微调框中输入"7

图 8-13 "段落"对话框

厘米"；选择"文字环绕"选项卡，设置"环绕方式"为"四周型"，单击"确定"按钮，如图 8-15 所示。

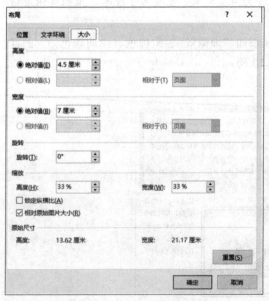

图 8-14 "大小"选项卡

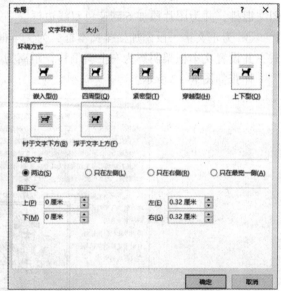

图 8-15 "文字环绕"选项卡

③ 选中图片，单击"图片工具-格式"选项卡→"图片样式"分组→"图片边框"下拉按钮，在展开的列表中选择"标准色"→"蓝色"；在同一展开列表中，设置"粗细"为"6磅"；然后选择其他线条，弹出"设置图片格式"对话框，选择"线条"为"实线"，再单击"复合

类型"下拉按钮,在展开的列表中选择"双线",如图 8-16
所示。单击"关闭"按钮完成图片设置。

3. 步骤提示 3

① 选中正文第 1 段,单击"插入"选项卡→"文本"
分组→"文本框"下拉按钮,在展开的列表中选择"绘制
文本框"(注意按照样张调整文本框和图片的位置)。

② 选中"文本框",单击"绘图工具-格式"选项卡
→"形状样式"分组中颜色设置样式右下侧的"其他"按
钮,显示所有"形状或线条的外观样式",在展开的列表
中选择"细微效果-橄榄色、强调颜色 3"即可,如图 8-17
所示。

图 8-16 "设置图片格式"对话框

③ 单击"绘图工具-格式"选项卡→"形状样式"分
组→"形状效果"下拉按钮,在展开的列表中选择"阴影"→"阴影选项",弹出如图 8-18 所
示的"设置形状格式"对话框,单击"预设"下拉按钮,在展开的选项中选择"外部"→"右
上斜偏移",修改"距离"为"10 磅",单击"关闭"按钮即可。

图 8-18 "设置形状格式"对话框

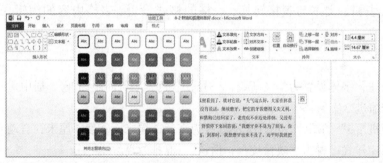

图 8-17 "文本框"样式设置界面

练 习 题

新建一个文档,并进行保存;再输入文字(文字任意),之后进行文字格式的设置、段落
的设置,插入艺术字、剪贴画,绘制图形,设置图形格式;插入图片,设置图片格式。

实训 ⑨

Word 2013 综合应用

实训目的

- 掌握文本格式的设置、段落的设置、查找和替换、水印、首字下沉、边框和底纹、项目符号的应用。
- 掌握插入表格、文本与表格转换、表格的格式设置、表格内容的编辑、表格内容的公式计算的应用。
- 掌握插入图片、图片格式设置的应用。
- 掌握插入页眉、插入艺术字、插入文本框、文本框格式设置的应用。

实训内容

【案例 9-1】文本格式的设置，段落的设置；插入图片，图片格式设置；插入文本框，文本框格式设置；插入表格，文本与表格转换，表格的格式设置，表格内容的编辑，表格内容的公式计算。

操作要求：

① 将标题"文字处理概述"字体设置为华文新魏、一号、蓝色、字符间距 3 磅，居中对齐；设置正文第 1~5 段首行缩进 2 字符。

② 插入文件名为"打字机.jpg"的图片，图片大小修改为高度 3 厘米，宽度 5 厘米，自动换行为"四周型环绕"，将图片样式设置为"映像棱台，白色"，混排效果。

③ 将第五段文本转化为竖排文本框，适当调整文本框位置使其如样张所示，设置文本框形状格式→填充→渐变填充→预设渐变→"浅色渐变-着色 1"，并添加阴影（形状效果），阴影样式→预设→"外部"→"左下斜偏移"，参数默认。

④ 将文末文本转换成表格，在表格右侧插入一列；合并第一行单元格，表格标题字体设置为华文行楷、四号、紫色、居中对齐；将最右列的列标题置为"平均分"，并使用公式填入每行对应的平均分，保留两位小数。

样张如图 9-1 所示。

步骤提示：

1. 步骤提示 1

① 新建一个 Word 2013 文档，并将文档以"实训 9-1"为文件名保存。

图 9-1 案例 9-1 样张

② 将文字按样张进行输入，设置字符间距需打开"字体"对话框，如图 9-2 所示。在"高级"选项卡中设置字符间距加宽 3 磅。

2. 步骤提示 2

转化为竖排文本框后，可适当调整文本框的大小和位置。

3. 步骤提示 3

文本转换成表格时，文字分隔位置选择"制表符"，则列数自动变为 5，行数为固定值 7，如图 9-3 所示。

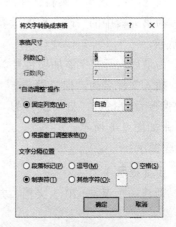

图 9-2 "字体"对话框　　　　图 9-3 "将文字转换成表格"对话框

4．步骤提示 4

① 将文末文本转换成表格时，文字分隔位置选择"制表符"（见图 9-3），则列数自动变为 5，行数为固定值 7。

② 在"平均分"列用公式计算平均分时，如图 9-4 所示，可以在"公式"文本框中输入公式"=AVERAGE(LEFT)"，或者输入公式"=AVERAGE(B3:E3)"，两者计算结果相同；当用公式完成一个单元格中平均分的计算后，将单元格内容复制到第 2～6 行再粘贴到"平均分"列其他单元格；分别选中"平均分"列的其他 5 个单元格并右击，在弹出的快捷菜单中选择"更新域"命令即可，如图 9-5 所示。或者同时选择其他 5 个单元，按【F9】键完成"更新域"的操作。

图 9-4 "公式"对话框

图 9-5 "更新域"对话框

【案例 9-2】插入艺术字、段落设置、查找和替换、边框和底纹、项目符号、插入图片、图片格式设置。

操作要求：

① 将标题"心中的顽石"转换为艺术字（艺术字样式为"填充-白色，轮廓-着色 1，发光-着色 1"，形状样式为"彩色填充-金色，强调颜色 4，然后单击（或双击）艺术字出现"绘图工具-格式"选项卡，选择"形状效果→阴影→阴影选项→三维格式→顶部棱台→棱纹"），艺术字体为隶书，自动换行为"四周型环绕"。

② 将正文所有段落首行缩进 2 字符，段后间距为 6 磅；将正文中所有的文本"石头"设置为楷体、红色、加粗、倾斜，并添加双下画线。

③ 为第 4 段中的"改变你的世界，必先改变你自己的心态。"添加 1.5 磅红色阴影边框和 10% 的底纹。

④ 为最后六行文字添加项目号 ✖。

⑤ 插入文件名为"向日葵.jpg"的图片，图片大小设置高度为 4.2 厘米，添加图片样式为"映像棱台-白色"，自动换行为"四周型环绕"，按照样张进行图文混排。

样张如图 9-6 所示。

步骤提示：

1．步骤提示 1

① 新建一个 Word 2013 文档，并将文档以"实训 9-2"为文件名保存，然后将文字按样张进行输入。

② 在文中第一行输入标题"心中的顽石"，并将标题转换为艺术字。

图 9-6　案例 9-2 样张

2.步骤提示 2

先选中文本"改变你的世界，必先改变你自己的心态。"，如图 9-7 所示，在"边框和底纹"对话框中选择"边框"选项卡，设置"阴影"样式的边框，选择颜色和宽度，确认应用于"文字"后，再设置"底纹"图案样式 10%，单击"确定"按钮。

图 9-7　"边框和底纹"对话框

3.步骤提示 3

选中最后六行文字后，单击"开始"选项卡→"段落"分组→"项目符号"下拉按钮，在展开的列表中选择"定义新项目符号"，弹出"定义新项目符号"对话框，单击"符号"按钮，弹出"符号"对话框，在"字体"下拉列表中选择 Wingdings 字体，找到题目要求的项目符号，选中后单击"确定"按钮；再在"项目符号"下拉列表中选择已添加到项目符号库中的新项目符号，即完成添加。

【**案例 9-3**】文本的基本编辑、查找和替换、文字格式的设置、边框和底纹、文档与表格转换设置，插入图片、图片格式设置，插入文本框、文本框格式设置。

操作要求：

① 在文本的最上方新插入 1 行，输入文字"环境污染"作为标题，将文字设置为"标题 1"并居中，并添加蓝色、0.75 磅的双曲线框线；设置第 1 段、第 2 段（包含"4 个方面"）文字为首行缩进 2 个字符，行间距为 1.5 倍行距。

② 插入图片文件"烟囱.jpg"，高度为 3 厘米，实现"四周型环绕"的图文混排，在预设渐变中添加"底部聚光灯-着色 5"渐变边框线（线条宽度为 5 磅）。

③ 将第 1 段、第 2 段文字中的"污染"全部替换为加着重号、蓝色，红色双线下画线的"污染"。

④ 为第 2 段（4 个方面）文字添加文本框，文本框内文字的行距为固定值 20 磅，并为文本添加"细微效果-蓝色，强调颜色 5"的形状样式、形状效果为"阴影"→"外部"→"居中偏移"，再设置文本边框为红色、双线、宽度 3 磅，适当调整文本框的位置。

⑤ 将文字"分类"居中显示，设置为华文新魏、三号字体。

⑥ 将"分类"后面的文字转换成 4 行 7 列的表格，设置根据内容自动调整表格大小、单元格内所有内容水平居中；设置表格外边框为 1.5 磅的红色单实线、内边框为 0.75 磅的黑色单实线，第 1 列单元格填充"红色，图案样式 60%"，样式为"橙色-着色 2-淡色 60%"的底纹。

样张如图 9-8 所示。

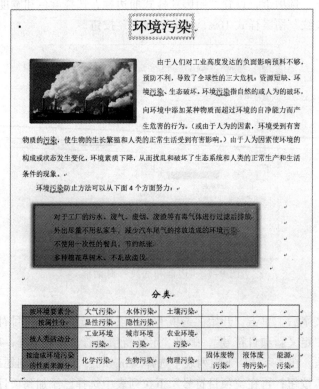

图 9-8 案例 9-3 样张

步骤提示:

1. 步骤提示 1

新建一个 Word 2013 文档,并将文档以"实训 9-3"为文件名保存;然后将文字按样张进行输入。

2. 步骤提示 2

设置图片边框的方法:先将"烟囱.jpg"图片插入,然后右击图片,在弹出的快捷菜单中选择"设置图片格式"命令,弹出"设置图片格式"对话框,选择"填充"→"渐变填充"→预设渐变→"底部聚光灯-着色 5",然后在"实线"中设置线条宽度为 5 磅,如图 9-9 所示。

图 9-9 "设置图片格式"对话框

3. 步骤提示 3

插入文本框的方法:用鼠标拖拉选择第 2 段(4 个方面)文字,单击"插入"选项卡→"文本"分组→"文本框"下拉按钮,在展开的列表中选择"绘制文本框";在"绘图工具-格式"选项卡"形状样式"分组中选择"强烈效果-金色,强调颜色 4",形状效果为"阴影-居中偏移"。再设置文本边框:选择设置形状格式"实线-红色,复合类型-双线,宽度 3 磅"。

4. 步骤提示 4

将文本转换成表格的方法:用鼠标拖动选中文字,单击"插入"选项卡→"表格"分组→"表格"下拉按钮,在展开的列表中选择"文本转换成表格",弹出"将文字转换成表格"对话框,设置"文字分隔位置"为"制表符";然后选中表格并右击,在弹出的快捷菜单中选择"自动调整"→"根据内容调整表格"命令,根据内容自动调整表格大小。

5. 步骤提示 5

将文本转换成表格的方法为:用鼠标拖动选中文字,单击"插入"选项卡"表格"分组中的"表格"下拉按钮,在展开的列表中选择"文本转换成表格",弹出"将文字转换成表格"对话框,设置"文字分隔位置"为"制表符";根据内容自动调整表格大小的方法为:选中表格并右击,在弹出的快捷菜单中选择"自动调整"→"根据内容调整表格"命令。

【案例 9-4】 插入页眉、文字格式的设置、段落的设置、边框和底纹、水印、首字下沉、插入艺术字、插入图片、图片格式设置、插入文本框、文本框格式设置。

操作要求:

① 插入页眉,位置居中,内容为"狮王归来",字体为华文新魏,小四,加粗;设置所有文字首行缩进 2 个字符。

② 设置标题"狮王简介"为艺术字,艺术字样式为"填充-金色,着色,软棱台",华文隶书、36 磅,自动换行为"上下型环绕",按照样张进行图文混排;设置艺术字样式的文本效果为"向下偏移"的外部阴影样式,模糊为 0 磅,距离为 10 磅。

③ 将第 1 段转化为横排文本框,形状填充颜色为橙色,形状轮廓为粗细 1 磅,添加如样张所示的"角度"棱台的形状效果,适当调整文本框位置。

④ 将第 2 段插入图片"狮子.jpg",图文混排为"四周型环绕",位置如样张所示;为图片

边框颜色添加"金色-着色 4"，宽度为 5 磅的渐变边框。

⑤ 设置最后一段的第一个字首字下沉 3 行，距正文 0.5 厘米，字体为隶书；为该字添加红色、图案样式为 15% 的底纹。

⑥ 为文本添加自定义文字水印"狮王归来"。

样张如图 9-10 所示。

步骤提示：

1. 步骤提示 1

新建一个 Word 2013 文档，并将文档以"实训 9-4"为文件名保存；再将文字按样张进行输入；然后设置所有文字首行缩进 2 个字符。

2. 步骤提示 2

艺术字的文本效果：单击艺术字的文本框，单击"绘图工具-格式"选项卡→"艺术字样式"分组→"文本效果"按钮，在展开的列表中选择"阴影"→"阴影选项"命令，弹出"设置形状格式"对话框，在其中设置参数，如图 9-11 所示。

图 9-10　案例 9-4 样张

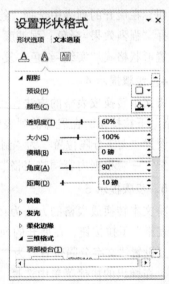

图 9-11　"设置形状格式"对话框

练 习 题

新建一个文档，并进行保存；再输入文字（文字任意），输入文字之后进行文字格式的设置，包括段落的设置、边框和底纹、文字水印、首字下沉；插入艺术字，插入图片，设置图片格式，插入文本框，设置文本框格式。

实训 ⑩

Excel 2013 基本操作

实训目的

- 掌握工作簿文件的建立、打开和保存方法。
- 掌握工作表的编辑方法。
- 掌握公式和函数的使用方法。
- 掌握工作簿的管理方法及多工作表之间的操作。
- 掌握图表的制作方法。

实训内容

【案例 10-1】 工作簿的建立及工作表的编辑。

操作要求:

① 建立工作簿文件,在工作表中输入不同类型的数据,使用自动填充功能完成相同或有规律数据的输入。

② 利用公式及函数完成数据的计算。

步骤提示:

1. 创建工作簿,在工作表 Sheet1 中输入如图 10-1 所示数据,以"学号+姓名+ex1"为文件名保存工作簿

	A	B	C	D	E	F	G	H
1				xxx班第一学期成绩表				
2	姓名	高等数学	大学英语	计算机	大学语文	体育	总分	平均分
3	吴华	88	96	90	80	83		
4	钱玲	49	73	71	72	75		
5	张家鸣	67	76	51	66	47		
6	杨梅华	89	92	86	87	83		
7	汤沐化	77	56	77	80	75		
8	万科	88	92	96	93	88		
9	苏丹平	43	65	67	68	74		
10	黄亚非	83	77	55	79	87		
11	张倩云	75	81	81	84	86		

图 10-1 工作表 Sheet1 数据

① 选择"开始"→"所有程序"→"Microsoft Office 2013"→"Excel 2013"命令,打开 Excel 应用程序,系统自动创建一个 Excel 工作簿,工作簿的默认文件名为"工作簿 1",当前工作表为 Sheet1。

② 在 Sheet1 工作表中输入数据，如图 10-1 所示。

③ 设置数据有效性。选择 B3:F11 单元格区域，单击"数据"选项卡→"数据工具"分组→"数据验证"图标，弹出"数据验证"对话框。

- 在"设置"选项卡中（见图 10-2）对"验证条件"进行设置，设置"允许"项为"整数"（选中"忽略空值"复选框）、"数据"项为"介于"、"最小值"为"0"、"最大值"为"100"。
- 在"输入信息"选项卡中（见图 10-3），选中"选定单元格时显示输入信息"，在"标题"栏中填写"提示"、"输入信息"中填写"成绩的有效范围介于 0~100 之间！"。

图 10-2 "设置"选项卡   图 10-3 "输入信息"选项卡

- 在"出错警告"选项卡中（见图 10-4）选中"输入无效数据时显示出错警告"复选框，在"样式"下拉列表中选择"警告"，在"标题"栏中填写"警告"、"错误信息"中填写"超出成绩的有效范围"，单击"确定"按钮完成数据有效性设置。

图 10-4 "出错警告"选项卡

④ 选中标题所在的第一行（即 A1:H1 区域），单击"开始"选项卡→"对齐方式"分组→"合并后居中"按钮。

⑤ 单击"保存"按钮，弹出"另存为"对话框，选择存放工作簿的位置，在"文件名"文本框中输入"学号+姓名+ex1"，单击"保存"按钮即可，然后单击"关闭"按钮关闭 Excel。

2. 打开工作簿，在"姓名"列前插入"编号"和"学号"两列

① 选择"开始"→"所有程序"→"Microsoft Office"→"Microsoft Office Excel 2013"命

令，打开 Excel 应用程序。

② 选择"文件"→"打开"命令，在弹出的对话框中选择已保存的"学号+姓名+ex1"文件单击打开。

③ 移动鼠标至"姓名"列的列标位置，出现↓图标，右击，在弹出的快捷菜单中选择"插入"命令，重复以上操作，在"姓名"列前插入2个空列。

④ 分别双击 A2 和 B2 单元格，输入"编号"和"学号"。

⑤ 选中标题所在的第一行（即 A1:J1 区域），单击"开始"选项卡→"对齐方式"分组→"合并后居中"按钮，完成后的效果如图 10-5 所示。

	A	B	C	D	E	F	G	H	I	J
1					×××班第一学期成绩表					
2	编号	学号	姓名	高等数学	大学英语	计算机	大学语文	体育	总分	平均分
3			吴华	88	96	90	80	83		
4			钱玲	49	73	71	72	75		
5			张家鸣	67	76	51	66	47		
6			杨梅华	89	92	86	87	83		
7			汤沐化	77	56	77	80	75		
8			万科	88	92	96	93	88		
9			苏丹平	43	65	67	68	74		
10			黄亚菲	83	77	55	79	87		
11			张倩云	75	81	81	84	86		

图 10-5　数据编辑效果图

3．利用自动填充功能为"编号"列输入数据（1，2，3，…，9）

① 双击 A3 单元格，并在其中输入数字"1"。

② 选中 A3 单元格，单击"开始"选项卡→"编辑"分组→"填充"下拉按钮，在弹出的下拉列表中选择"序列"命令。

③ 在弹出的"序列"对话框中依次选择"列""等差序列"，"步长值"输入1，"终止值"输入9，单击"确定"按钮，如图 10-6 所示。

4．利用"单元格格式"对话框将"学号"列设置为"文本"型格式

① 选中 B3:B11 单元格区域，单击"开始"选项卡→"单元格"分组→"格式"下拉按钮，在弹出的下拉列表中选择"设置单元格格式"命令，弹出"设置单元格格式"对话框。

② 在对话框"数字"选项卡的"分类"列表中选择"文本"，单击"确定"按钮，完成文本格式设置，如图 10-7 所示。

图 10-6　"序列"对话框

图 10-7　"设置单元格格式"对话框

5. 利用"填充柄"为"学号"列填入数据（173821001，173821002，…，173821009）

① 双击 B3 单元格，并在其中输入 173821001。

② 选中 B3 单元格，将鼠标移动至该单元格右下角，此时光标变成一个细实线的"+"号（填充柄）。

③ 按住鼠标左键拖动鼠标到 B11 单元格，完成数据 173821001，173821002，…，173821009 的自填充操作，结果如图 10-8 所示。

	A	B	C	D	E	F	G	H	I	J
1					**xxx班第一学期成绩表**					
2	编号	学号	姓名	高等数学	大学英语	计算机	大学语文	体育	总分	平均分
3	1	173821001	吴华	88	96	90	80	83		
4	2	173821002	钱玲	49	73	71	72	75		
5	3	173821003	张家鸣	67	76	51	66	47		
6	4	173821004	杨梅华	89	92	86	87	83		
7	5	173821005	汤沐化	77	56	77	80	75		
8	6	173821006	万科	88	92	96	93	88		
9	7	173821007	苏丹平	43	65	67	68	74		
10	8	173821008	黄亚非	83	77	55	79	87		
11	9	173821009	张倩云	75	81	81	84	86		

图 10-8 填充效果图

6. 利用 Excel 2013 提供的"自动求和"功能计算每个人的总分和平均分

（1）计算每个人的总分

选中 D3:I11 区域的单元格，单击"公式"选项卡→"函数库"分组→"自动求和"下拉按钮，在弹出的下拉列表中选择"求和"命令，如图 10-9 所示。

图 10-9 "自动求和"按钮

（2）计算每个人的平均分

① 选中 J3 单元格，单击"公式"选项卡→"函数库"分组→"自动求和"下拉按钮，在弹出的下拉列表中选择"平均值"命令（注意公式：应该是=AVERAGE(C3:H3)）。

② 选中 J3 单元格，利用填充柄（或复制粘贴）将公式复制到 J3:J11 单元格，求出其他人的平均分，结果如图 10-10 所示。

	A	B	C	D	E	F	G	H	I	J
1					**xxx班第一学期成绩表**					
2	编号	学号	姓名	高等数学	大学英语	计算机	大学语文	体育	总分	平均分
3	1	173821001	吴华	88	96	90	80	83	437	87.4
4	2	173821002	钱玲	49	73	71	72	75	340	68
5	3	173821003	张家鸣	67	76	51	66	47	307	61.4
6	4	173821004	杨梅华	89	92	86	87	83	437	87.4
7	5	173821005	汤沐化	77	56	77	80	75	365	73
8	6	173821006	万科	88	92	96	93	88	457	91.4
9	7	173821007	苏丹平	43	65	67	68	74	317	63.4
10	8	173821008	黄亚非	83	77	55	79	87	381	76.2
11	9	173821009	张倩云	75	81	81	84	86	407	81.4

图 10-10 用公式计算总分、平均分

【案例10-2】工作表的格式化操作。

操作要求：完成工作表的标题、边框、字体等项目的格式化操作。

步骤提示：

1. 设置表格标题

设置表格标题"xxx班第一学期成绩表"文字为隶书、加粗，字号为22磅，对齐方式水平、垂直"居中"，图案"红色"。（在如图10-11所示"设置单元格格式"对话框的"填充"选项卡中设置）

① 选中A1单元格（表格标题所在单元格），单击"开始"选项卡。在"字体"分组→"字体"列表框中选择"隶书"，"字号"列表框中选择"22"。

② 分别单击"字体"分组→"**B**(加粗)"图标和"对齐方式"组→"≡(居中)"图标。

③ 单击"单元格"分组→"格式"下拉按钮，在弹出的列表中选择"设置单元格格式"命令，弹出"设置单元格格式"对话框。在"设置单元格格式"对话框的"对齐"选项卡的"垂直对齐"列表中选择"居中"。

④ 在"设置单元格格式"对话框的"填充"选项卡的"背景色"中选择"红色"图标，如图10-11所示。

2. 设置表格框线

设置表格的外框线为蓝色双线边框，内框线为绿色单实线边框。

① 选中整个表格区域（A1:J11），单击"开始"选项卡→"字体"分组→"田(边框)"下拉按钮，在弹出的下拉列表中选择"其他边框"命令，弹出如图10-12所示的"设置单元格格式"对话框的"边框"选项卡。

② 在"边框"选项卡中，依次设置"外边框"→"线条样式"双线→"颜色"蓝色。

③ 在"边框"选项卡中，依次设置"内部"→"线条样式"单线→"颜色"绿色。

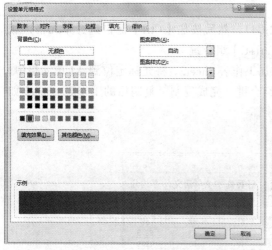

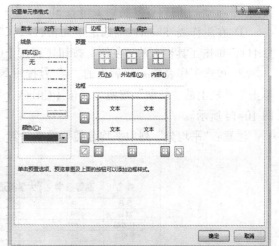

| 图 10-11 "填充"选项卡 | 图 10-12 "边框"选项卡 |

3. 设置字体、行高和列宽

将表格中第2行文字（即姓名、高等数学等字段名所在行）设为粗体，字号为12磅，行高

设置为 25 磅，用鼠标拖动适当微调各列宽度，使所有文字在一行显示并对该行添加底纹，颜色自定。将表格中其余行的行高设置为 15 磅，字号为 10 磅。

4．设置制表人和日期

在该表格的下面合并居中一行，为该行添加蓝色双线边框。在该行中插入"制表人：你的姓名"，然后快速输入当前系统日期和当前时间（快速输入当前系统日期：按【Ctrl+;】组合键；快速输入当前系统时间：按【Ctrl+Shift+;】组合键），设置为隶书、加粗、字号为 14 磅。效果如图 10-13 所示。

	A	B	C	D	E	F	G	H	I	J
1				XXX班第一学期成绩表						
2	编号	学号	姓名	高等数学	大学英语	计算机	大学语文	体育	总分	平均分
3	1	173821001	吴华	88	96	90	80	83	437	87.4
4	2	173821002	钱玲	49	73	71	72	75	340	68
5	3	173821003	张家鸣	67	76	51	66	47	307	61.4
6	4	173821004	杨梅华	89	92	86	87	83	437	87.4
7	5	173821005	汤沐化	77	56	77	80	75	365	73
8	6	173821006	万科	88	92	96	93	88	457	91.4
9	7	173821007	苏丹平	43	65	67	68	74	317	63.4
10	8	173821008	黄亚非	83	77	55	79	87	381	76.2
11	9	173821009	张倩云	75	81	81	84	86	407	81.4
12								制表人：xxx	2018/3/7	9:14

图 10-13　工作表格式化效果图

【案例 10-3】图表的制作。

操作要求：在 Excel 中插入图表，并编排图表的格式，完成图表的制作。

步骤提示：

1．复制单元格内容

将工作表 Sheet1 中的 C2:J11 单元格（"姓名""高等数学""大学英语""计算机""大学语文""平均分"）的内容复制到工作表 Sheet2 中。

① 在工作表 Sheet1 中选定单元格区域 C2:G11，然后按住【Ctrl】键再选择单元格区域 J3:J11，单击工具栏上的"复制"按钮（或按【Ctrl+C】组合键）。

② 单击工作表 Sheet1 后面的"+"号按钮增加工作表 Sheet2，将光标定位到 A1 单元格中，单击工具栏上的"粘贴"按钮（或按【Ctrl+V】组合键）完成复制。复制后的工作表 Sheet2 如图 10-14 所示。

注意："平均分"列中平均分需要重新计算。

	A	B	C	D	E	F
1	姓名	高等数学	大学英语	计算机	大学语文	平均分
2	吴华	88	96	90	80	88.5
3	钱玲	49	73	71	72	66.25
4	张家鸣	67	76	51	66	65
5	杨梅华	89	92	86	87	88.5
6	汤沐化	77	56	77	80	72.5
7	万科	88	92	96	93	92.25
8	苏丹平	43	65	67	68	60.75
9	黄亚非	83	77	55	79	73.5
10	张倩云	75	81	81	84	80.25

图 10-14　工作表 Sheet2

2．制作图表

利用工作表 Sheet2 中的数据做一个图表"xxx 班第一学期成绩图表"，如图 10-15 所示。

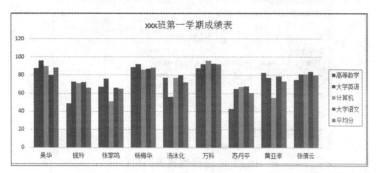

图 10-15　利用工作表 Sheet2 中数据制作的图表

① 选择单元格区域 A1:F10，单击"插入"选项卡→"图表"分组→" ▮▮(插入柱状图)"下拉按钮，在弹出的下拉列表中选择"更多柱形图"命令，弹出如图 10-16 所示"插入图表"对话框。

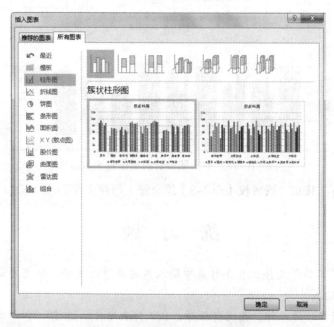

图 10-16　"插入图表"对话框

② 在"插入图表"对话框的"所有图表"选项卡中，选择"簇状柱形图"中的第一个图标，单击"确定"按钮。

③ 选中生成的图表，单击"设计"选项卡→"数据"分组→"选择数据"按钮，弹出如图 10-17 所示的"选择数据源"对话框。

④ 单击"切换行/列"按钮，单击"确定"按钮，重新生成图表。

⑤ 双击图表中的"图例"，在右边弹出的"设置图例格式"对话框中选择"实线"，设置"颜色"为蓝色填充边框，然后单击"图例选项"将"图例位置"改成"靠右"。

⑥ 双击图表中的"绘图区"，在右边弹出的"设置绘图区格式"对话框中选择"实线"，设置

"颜色"为黑色填充边框，移动图表至表格正下方。插入图表后的工作表 Sheet2 如图 10-18 所示。

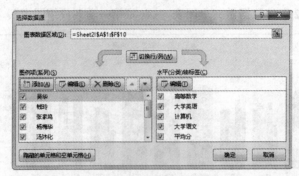

图 10-17　"选择数据源"对话框

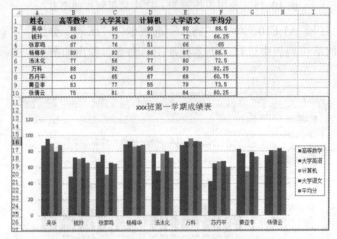

图 10-18　插入图表后的工作表 Sheet2

⑦ 单击"保存"按钮（或者按【Ctrl+S】组合键）保存文件。

练　习　题

1. 建立一个新工作簿文件，在工作表中输入不同类型的数据，使用自动填充功能完成相同或有规律数据的输入。

2. 建立一个新工作簿文件，并进行保存；在工作表中将如图 10-19 所示数据进行输入；数据输入之后将其制作成图表。

编号	学号	姓名	高等数学	大学英语	计算机	大学语文	体育	总分	平均分
1	173821001	吴华	88	96	90	80	83	437	87.4
2	173821002	钱玲	49	73	71	72	75	340	68
3	173821003	张家鸣	67	76	51	66	47	307	61.4
4	173821004	杨梅华	89	92	86	87	83	437	87.4
5	173821005	汤沐化	77	56	77	80	75	365	73
6	173821006	万科	88	92	96	93	88	457	91.4
7	173821007	苏丹平	43	65	67	68	74	317	63.4
8	173821008	黄亚丰	83	77	55	79	87	381	76.2
9	173821009	张倩云	75	81	81	84	86	407	81.4

制表人：xxx　2018/3/7　9:14

图 10-19　第 2 题图示

实训 ⑪

Excel 2013 数据管理

📠 实训目的

- 掌握数据表的排序与筛选。
- 掌握数据分类汇总的建立方法。
- 掌握数据透视表的建立方法。

⌛ 实训内容

【**案例 11-1**】数据排序与筛选。

操作要求：打开上实训 10 保存的工作簿"学号+姓名+ex1"，按要求对已创建好的数据表实现排序与筛选。

步骤提示：

1. 按"平均分"降序排列，平均分相同时按"学号"升序排列

① 打开工作簿"学号+姓名+ex1"，单击工作表 Sheet1，打开"xxx 班第一学期成绩表"，选中 A2:J11 单元格区域，单击"数据"选项卡→"排序和筛选"分组→"排序"按钮，弹出"排序"对话框。

② 在"排序"对话框的"主要关键字"下拉列表框中选择"平均分""降序"；单击"添加条件"按钮；"次要关键字"下拉列表选择"学号""升序"，单击"确定"按钮完成操作，如图 11-1 所示。

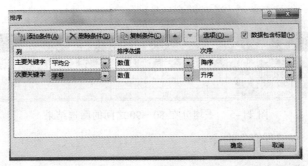

图 11-1 "排序"对话框

③ 选择"文件"→"另存为"命令，然后选择文件保存的位置，以 sjpx1 为文件名保存。排序后的工作表如图 11-2 所示。

编号	学号	姓名	高等数学	大学英语	计算机	大学语文	体育	总分	平均分
6	173821006	万科	88	92	96	93	88	457	91.4
1	173821001	吴华	88	96	90	80	83	437	87.4
4	173821004	杨梅华	89	92	86	87	83	437	87.4
9	173821009	张倩云	75	81	81	84	86	407	81.4
8	173821008	黄亚菲	83	77	55	79	87	381	76.2
5	173821005	汤沐化	77	56	77	80	75	365	73
2	173821002	钱玲	49	73	71	72	75	340	68
7	173821007	苏丹平	43	65	67	68	74	317	63.4
3	173821003	张家鸣	67	76	51	66	47	307	61.4

（标题：XXX班第一学期成绩表　制表人：xxx　2018/3/7　9:14）

图 11-2　按"平均分"降序、"学号"升序排序结果

2. 将"平均分"在 80～90 之间的学生全部显示出来

① 打开工作簿"学号+姓名+ex1"。

② 选择"文件"→"另存为"命令，然后选择文件保存的位置，以 sjsx1 为文件名保存。

③ 选定数据区域 A2:J11，单击"数据"选项卡→"排序和筛选"分组→"筛选"按钮，这时在每个字段旁显示黑色下拉按钮，此按钮称为筛选器按钮，如图 11-3 所示。

④ 单击"平均分"下的筛选器按钮，在弹出的菜单中选择"数字筛选"→"自定义筛选"命令，弹出"自定义自动筛选方式"对话框，如图 11-4 所示。

图 11-3　"自动筛选"结果

图 11-4　"自定义自动筛选"对话框

⑤ 单选按钮"平均分"选择"大于或等于"，后面的条件框中输入 80；选中"与"，下面的列表框选择"小于或等于"，条件框输入 90，单击"确定"按钮，出现筛选结果，如图 11-5 所示。

编号	学号	姓名	高等数学	大学英语	计算机	大学语文	体育	总分	平均分
1	173821001	吴华	88	96	90	80	83	437	87.4
4	173821004	杨梅华	89	92	86	87	83	437	87.4
9	173821009	张倩云	75	81	81	84	86	407	81.4

图 11-5　平均分在 80～90 之间的筛选结果

⑥ 选择"文件"→"保存"命令。

【案例 11-2】分类汇总。

操作要求： 实现数据汇总，分别求出男女生各科成绩的平均值。

步骤提示：

① 打开文件"学号+姓名+ex1"，将文件另存为 sjhz1。

② 在 Sheet1 中，在"姓名"列右侧插入"性别"列，将编号为 1、2、4、7、9 的学生填写为女同学，其他记录为男同学。

③ 以性别为"主要关键字"，对单元格区域 A2：K11 进行升序排列，如图 11-6 所示。

④ 选择单元格区域 A2:K11，单击"数据"选项卡→"分级显示"分组→"分类汇总"按钮，弹出"分类汇总"对话框，如图 11-7 所示。在"分类字段"列表框中选择"性别"，"汇总方式"列表框中选择"平均值"，"选定汇总项"列表框中选中"高等数学""大学英语""计算机""大学语文""体育"，单击"确定"按钮。

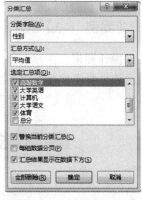

编号	学号	姓名	性别	高等数学	大学英语	计算机	大学语文	体育	总分	平均分
3	173821003	张家鸣	男	67	76	51	66	47	307	61.4
5	173821005	汤沐化	男	77	56	77	80	75	365	73
6	173821006	万科	男	88	92	96	93	88	457	91.4
8	173821008	黄亚丰	男	83	77	55	79	87	381	76.2
1	173821001	吴华	女	88	96	90	80	83	437	87.4
2	173821002	钱玲	女	49	73	71	72	75	340	68
4	173821004	杨梅华	女	89	92	86	87	83	437	87.4
7	173821007	苏丹平	女	43	65	67	68	74	317	63.4
9	173821009	张倩云	女	75	81	81	84	86	407	81.4

制表人：xxx 2018/3/7 9:14

图 11-6 按"性别"升序排序结果　　　　图 11-7 "分类汇总"对话框

⑤ 选中单元格区域 E14:I14，单击"开始"选项卡→"数字"分组→"数字格式"列表中的"其他数字格式"命令，弹出"设置单元格格式"对话框，如图 11-8 所示。在"数字"选项卡的"分类"栏中选择"数值"，"小数位数"栏填写数字 2。按"性别"分类汇总后的结果如图 11-9 所示。

图 11-8 "数字"选项卡

编号	学号	姓名	性别	高等数学	大学英语	计算机	大学语文	体育	总分	平均分
			XXX班第一学期成绩表							
3	173821003	张家鸣	男	67	76	51	66	47	307	61.4
5	173821005	汤沐化	男	77	56	77	80	75	365	73
6	173821006	万科	男	88	92	96	93	88	457	91.4
8	173821008	黄亚丰	男	83	77	55	79	87	381	76.2
			男 平均值	78.75	75.25	69.75	79.5	74.25		
1	173821001	吴华	女	88	96	90	80	83	437	87.4
2	173821002	钱玲	女	49	73	71	72	75	340	68
4	173821004	杨梅华	女	89	92	86	87	83	437	87.4
7	173821007	苏丹平	女	43	65	67	68	74	317	63.4
9	173821009	张倩云	女	75	81	81	84	86	407	81.4
			女 平均值	68.8	81.4	79	78.2	80.2		
			总计平均值	73.22	78.67	74.89	78.78	77.56		
						制表人：xxx　2018/3/7　9:14				

图 11-9　男女生各门课程的平均值

【案例 11-3】创建数据透视表和数据透视图。

操作要求：按照如图 11-10 所示的样式修改工作表 Sheet1。按照修改好的数据表创建一个透视表，要求按所在"班级"进行分页，按"性别"分类统计出"高等数学""大学英语""计算机""大学语文""体育"的平均成绩。

编号	学号	姓名	性别	班级	高等数学	大学英语	计算机	大学语文	体育	总分	平均分
			XXX班第一学期成绩表								
1	173821001	吴华	女	计科1班	88	96	90	80	83	437	87.4
2	173821002	钱玲	女	计科1班	49	73	71	72	75	340	68
3	173821003	张家鸣	男	计科2班	67	76	51	66	47	307	61.4
4	173821004	杨梅华	女	计科1班	89	92	86	87	83	437	87.4
5	173821005	汤沐化	男	计科1班	77	56	77	80	75	365	73
6	173821006	万科	男	计科2班	88	92	96	93	88	457	91.4
7	173821007	苏丹平	女	计科2班	43	65	67	68	74	317	63.4
8	173821008	黄亚丰	男	计科1班	83	77	55	79	87	381	76.2
9	173821009	张倩云	女	计科1班	75	81	81	84	86	407	81.4
							制表人：xxx　2018/3/7　9:14				

图 11-10　含有"班级"字段的学生成绩表

步骤提示：

① 打开文件"学号+姓名+ex1"，按图 11-10 所示增加"性别"和"班级"字段，将文件另存为 sjts1。

② 选中 A2:L11 单元格区域，单击"插入"选项卡→"图表"分组→"数据透视图"下拉按钮，在下拉列表中选择"数据透视图和数据透视表"，弹出"创建数据透视表"对话框，如图 11-11 所示。单击"确定"按钮，进入"数据透视表和数据透视图"设置界面。

图 11-11　"创建数据透视表"对话框

③ 在如图 11-12 所示的"数据透视图字段"中，勾选"班级""性别""高等数学""大学英语""计算机""大学语文"及"体育"字段，生成如图 11-13 所示的数据透视表和数据透视图。

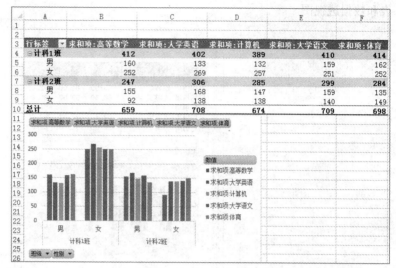

图 11-12 "数据透视图字段"对话框   图 11-13 新建数据透视表和数据透视图的结果

④ 右击"求和项：高等数学"，在弹出的下拉菜单中选择"值字段设置"，弹出如图 11-14 所示的"值字段设置"对话框，在"值字段汇总方式"中选择"平均值"；单击"数字格式"按钮，选择"单元格格式"为"数值"，"小数位数"为 2，单击"确定"按钮；以同样方式分别设置"求和项：大学英语""求和项：计算机""求和项：大学语文""求和项：体育"汇总方式为"平均值"，单元格格式为"数值"，"小数位数"为 2，生成如图 11-15 所示的数据透视表和数据透视图。

图 11-14 "值字段设置"对话框

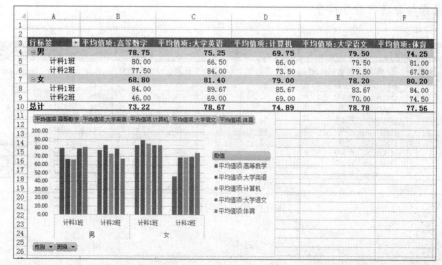

图 11-15 "汇总方式"为平均值的数据透视表和数据透视图

⑤ 在"数据透视表字段"视图中，将"班级"字段拖动至"筛选器"，将"Σ 数值"拖动至"轴（类别）"，将"性别"拖动至"图例（系列）"，生成如图 11-16 所示筛选后的数据透视表和数据透视图。

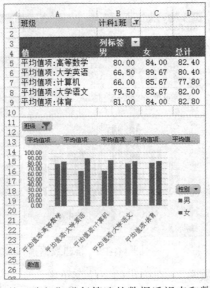

图 11-16　按"班级"进行筛选的数据透视表和数据透视图

⑥ 可以单击"班级"列表项，在下拉菜单中选择"计科 1 班"和"计科 2 班"，分别对 2 个班级的数据透视表和数据透视图进行查看。

⑦ 选择"文件"→"另存为"命令，选择文件的保存位置，以 sjts2 保存文件。

练 习 题

建立一个新工作簿文件，并进行保存。在工作表中将如图 11-17 所示数据进行输入，数据输入之后将平均分进行升序排序。

编号	学号	姓名	性别	高等数学	大学英语	计算机	大学语文	体育	总分	平均分
3	173821003	张家鸣	男	67	76	51	66	47	307	61.4
5	173821005	汤沐化	男	77	56	77	80	75	365	73
6	173821006	万科	男	88	92	96	93	88	457	91.4
8	173821008	黄亚非	男	83	77	55	79	87	381	76.2
1	173821001	吴华	女	88	96	90	80	83	437	87.4
2	173821002	钱玲	女	49	73	71	72	75	340	68
4	173821004	杨梅华	女	89	92	86	87	83	437	87.4
7	173821007	苏丹平	女	43	65	67	68	74	317	63.4
9	173821009	张倩云	女	75	81	81	84	86	407	81.4

制表人：xxx　2018/3/7　9:14

XXX班第一学期成绩表

图 11-17　练习题图示

Excel 2013 综合应用

实训目的

考查学生综合运用 Excel 的能力，利用 Excel 2013 制作一张完整的成绩表，文件名为"学号+姓名+Excel 综合"。

实训内容

【案例 12-1】数据输入和格式化。

操作要求： 如图 12-1 所示输入成绩表的数据，对成绩表进行格式化。

A	B	C	D	E	F	G	H	I	J	K	L
			xxx班学生成绩报告表								
专业班级：＿＿＿＿ ／＿＿＿学年＿＿＿学期						考试时间：＿＿年＿＿月＿＿日					
考试（查）课程：＿＿＿＿＿				课程编号：＿＿＿		学时：＿＿＿		学分：＿＿＿			
学号	姓名	性别	平时成绩 20%	期末成绩 80%	总评	学号	姓名	性别	平时成绩 20%	期末成绩 80%	总评
176231001	赵志军	男	70	95		176231011	王孟	女	80	78	
176231002	于铭	男	75	90		176231012	马会爽	女	60	66	
176231003	许炎锋	男	70	88		176231013	史晓赟	女	90	55	
176231004	王嘉	男	90	89		176231014	刘燕凤	女	85	89	
176231005	李新江	男	60	96		176231015	齐飞	女	60	80	
176231006	郭海英	男	75	90		176231016	张娟	女	85	86	
176231007	马淑恩	男	85	68		176231017	潘成文	女	65	54	
176231008	王金科	男	95	98		176231018	邢易	女	45	56	
176231009	李东慧	男	45	65		176231019	谢枭豪	女	90	89	
176231010	张宁	男	80	70		176231020	胡洪静	女	95	89	
成绩分析							缺考学生姓名：				
总评成绩	90~100 优秀	80~89 良好	70~79 中等	60~69 及格	0~59 不及格						
人数											
%							任课教师签名				
最高分			班级总人数				教研室主任签名				
最低分			缺考人数				院系负责人签名				
注：1、考试课成绩（平时、期末、总评）按百分制填写，考查课成绩在总评栏按五级制填写； 2、此表由任课教师将平时成绩于考试一周前交课程负责单位，并由责任单位组织填写完整。											

图 12-1　成绩表数据

步骤提示：

① 新建工作簿，以"学号+姓名+Excel 综合"为文件名保存。

② 按图 12-1 所示样式输入数据，注意以下几个问题：

- 输入文字前先定位单元格，输入完一个单元格内容后，按【Tab】键横向移动单元格，按【Enter】键纵向移动单元格。
- 自动填充数据。在输入"学号""性别"列数据时使用自动填充。
- 第 1、2、3 行的内容分别在单元格 "A1" "A2" "A3" 中输入，"缺考学生姓名：""任课教师签名""教研室主任签名""院系负责人签名""班级总人数""缺考人数"分别在单元格 "H15" "H18" "H19" "H20" "E19" "E20" 中输入。
- 加"下画线"。文字和空格下的下画线在输入文字和空格后利用"开始"选项卡→"字体"组→"**U**(下画线)"图标设置。
- 同一单元格内需要换行显示内容时，使用【Alt+Enter】组合键进行换行操作。

③ 设置单元格格式：

- 合并单元格。逐行对 A1:L1、A2:L2、A3:L3、A15:G15、A16:B16、A17:B17、A18:B18、A19:C19、A20:C20、E19:F19、E20:F20、H15:L17、H18:J18、H19:J19、H20:J20、K18:L18、K19:L19、K20:L20 单元格区域进行"合并后居中"操作。
- 设置单元格对齐方式。选中单元格 A1、单元格区域 A4:L20，单击"开始"选项卡→"单元格"分组→"格式"按钮，在弹出的下拉列表中选择"设置单元格格式"命令。在弹出的"设置单元格格式"对话框中单击"对齐"选项卡，"水平对齐"选择"居中"，"垂直对齐"选择"居中"。
- 设置字体、字号。利用"开始"选项卡→"字体"分组中的相应图标和下拉列表框，将"xxx 班学生成绩报告表"的字体设置为"黑体"、"字号"设置为"18"；将单元格区域 A2:L20 的字体设置为"宋体"、"字号"设置为 10。

④ 设置表格边框。选定单元格区域 A4:L20，单击"开始"选项卡→"单元格"分组→"格式"按钮，在弹出的下拉列表中选择"设置单元格格式"命令。在弹出的"设置单元格格式"对话框中单击"边框"选项卡，选择"预置"栏中的"外边框"、"内部"图标，单击"确定"按钮。

⑤ 调整工作表的行高和列宽。选定单元格区域 A1:L21，单击"开始"选项卡→"单元格"分组→"格式"按钮，在打开的下拉列表中分别选择"自动调整行高""自动调整列宽"命令。

【案例 12-2】公式和函数的使用。

操作要求：自编函数和公式对成绩表的空白区域进行填写（包括：总评、优秀、良好、中等、及格、不及格人数、百分比、最高分、最低分、班级总人数）。

步骤提示：

1. 利用公式求"总评"成绩

① 在 F5 单元格中输入 "=D5*0.2+E5*0.8"，按【Enter】键完成公式输入。

② 使用"自动填充"功能填充单元格 F6:F14。

③ 复制 F5 单元格内容到 L5 单元格，然后自动填充 L5:L14。

2. 利用函数求优秀、良好、中等、及格和不及格人数

① 选中单元格 C17，单击"插入函数"按钮，弹出"插入函数"对话框，如图 12-2 所示。

图12-2 "插入函数"对话框

② 在"插入函数"对话框的"或选择类别"下拉列表中选择"统计"，在"选择函数"列表框中选择 COUNTIF 函数，单击"确定"按钮，弹出"函数参数"对话框。

③ 在如图 12-3 所示的"函数参数"对话框中的 Range 文本框中输入单元格区域"F5:F14"，或直接单击文本框后的"📷"按钮直接选择单元格区域 F5:F14；在 Criteria 文本框中输入">=90"，单击"确定"按钮。

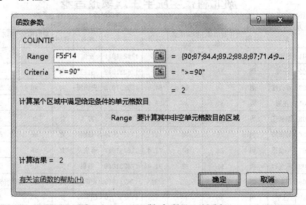

图12-3 "函数参数"对话框

选中单元格 C17，编辑栏中的公式显示为"=COUNTIF(F5:F14,">=90")"，在其后输入"+"号，重复上述操作（将 Range 改为 COUNTIF(L5:L14,">=90")），可以看到单元格 C17 的编辑栏中的公式为"=COUNTIF(F5:F14,">=90")+COUNTIF(L5:L14,">=90")"。

④ 用同样的方法分别在单元格 D17、E17、F17、G17 中编辑公式求出"总评"成绩中"良好""中等""及格""不及格"的人数。函数如下：

良好成绩人数："=COUNTIF(F5:F14,">=80")+COUNTIF(L5:L14,">=80")-C17"

中等成绩人数："=COUNTIF(F5:F14,">=70")+COUNTIF(L5:L14,">=70")-C17-D17"

及格成绩人数："=COUNTIF(F5:F14,">=60")+COUNTIF(L5:L14,">=60")-C17-D17-E17"

不及格成绩人数："=COUNTIF(F5:F14,"<60")+COUNTIF(L5:L14,"<60")"

3．利用"条件格式"标记不及格分数

选中单元格区域 F5:F14 以及 L5:L14 单元格，单击"开始"选项卡→"样式"分组→"条件格式"按钮，在弹出的下拉列表中选择"突出显示单元格规则"→"小于"命令（见图 12-4），弹出如图 12-5 所示的"小于"对话框，在"为小于以下值的单元格设置格式"中填写"60"，"设置为"选择"浅红填充色深红色文本"。生成的效果图如图 12-6 所示。

图 12-4 "条件格式"下拉列表

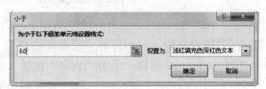

图 12-5 "小于"对话框

	A	B	C	D	E	F	G	H	I	J	K	L
1				湖北科技学院学生成绩报告表								
2	专业班级：_____			_____／_____学年___学期			考试时间：_____年___月___日					
3	考试（查）课程：_____			课程编号：_____			学时：_____		学分：_____			
4	学号	姓名	性别	平时成绩20%	期末成绩80%	总评	学号	姓名	性别	平时成绩20%	期末成绩80%	总评
5	176231001	赵志军	男	70	95	90	176231011	王孟	女	80	78	78.4
6	176231002	于铭	男	75	90	87	176231012	马会爽	女	60	66	64.8
7	176231003	许炎锋	男	70	88	84.4	176231013	史晓赞	女	90	55	62
8	176231004	王嘉	男	90	89	89.2	176231014	刘燕凤	女	85	89	88.2
9	176231005	李新江	男	60	96	88.8	176231015	齐飞	女	60	80	76
10	176231006	郭海英	男	75	90	87	176231016	张娟	女	85	86	85.8
11	176231007	马浪恩	男	85	68	71.4	176231017	潘成文	女	65	54	56.2
12	176231008	王金科	男	95	98	97.4	176231018	邢易	女	45	56	53.8
13	176231009	李东慧	男	45	65	61	176231019	谢枭豪	女	90	89	89.2
14	176231010	张宁	男	80	70	72	176231020	胡洪静	女	95	89	90.2
15				成绩分析				缺考学生姓名：				
16	总评成绩		90-100优秀	80-89良好	70-79中等	60-69及格	0-59不及格					
17	人数		3	8	4	3	2					
18	%		15	40	20	15	10	任课教师姓名				
19	最高分		97.4		班级总人数		20	教研室主任签名				
20	最低分		53.8		缺考人数			院系负责人签名				
21	注：1、考试课成绩（平时、期末、总评）按百分制填写，考查课成绩在总评栏按五级制填写；2、此表由任课教师将平时成绩于考试一周前交课程负责单位，并由责任单位组织填写完整。											

图 12-6 "条件格式"设置效果图

4．利用函数求最高分、最低分、班级总人数

使用"插入函数"命令，分别在 D19、D20、G19 单元格单击"插入函数"按钮，在弹出的"插入函数"对话框中选择 MAX、MIN、COUNT 函数，单击"确定"按钮后，在弹出的"函数

参数"对话框中，分别在 Number1、Numbe2、Number1、Numbe2、Value1、Value2 右边的文本框中输入 F5:F14、L5:L14、F5:F14、L5:L14、A5:A15、G5:G14 单击"确定"按钮，求出最高分、最低分、班级总人数。

5. 用公式求百分比

选择 C18 单元格，在编辑栏中输入"=C17/$G$19*100"求出"优秀"人数百分比，然后利用"自动填充"求出其他百分比（$G$19 代表对 G19 单元格数据的绝对引用）。

【案例 12-3】制作图表。

操作要求： 按总评等级等制作分布饼状图，图表类型设为"分离型三维饼图"，系列产生在"行"，图表标题为"成绩分布图"，图例位置在"右侧"，数据标签包括"类别名称"和"百分比"。

步骤提示：

① 选定 C17:G18 单元格区域，单击"插入"选项卡→"图表"分组→" 💿(插入饼图或圆环图)"图标，在弹出的下拉列表中选择"更多饼图"命令，在弹出的"插入图表"对话框中选择"三维饼图"，单击"确定"按钮，生成原始三维饼图。单击"图有工具–设计"选项卡"图表布局"分组中的"快速布局"按钮，选择"布局6"，双击选定"图表标题"更改为"成绩分布图"，生成如图 12-7 所示三维饼图。

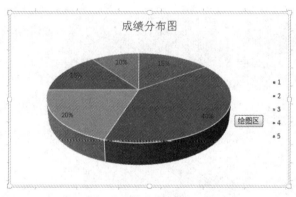

图 12-7　"成绩分布图"三维饼图

② 选中图表中的"绘图区"，单击"图表工具–设计"选项卡→"数据"分组→"选择数据"按钮，在弹出的"选择数据源"对话框中，单击"水平（分类）轴标签"下的"编辑"按钮，弹出"轴标签"编辑对话框，输入"=Sheet1!$C$16:$G$16"或者单击"编辑"按钮，选择 C16:G16 单元格区域，单击"确定"按钮。右击"绘图区"，在弹出的快捷菜单中选择"设置数据系列格式"命令，在右边的对话框中将"饼图分离程度"设为"30%"。

③ 右击饼图，在弹出的快捷菜单中选择"设置数据标签格式"命令，在右边的对话框中单击"标签选项"按钮，在"标签包括"选项中选中"类别名称""百分比""显示引导线"复选框，在"标签位置"中选中"数据标签外"复选框。

④ 适当调整图表的位置和大小。单击选中图表，图表的边框会出现 8 个控制尺寸的手柄，将鼠标移动至尺寸手柄处，鼠标指针变为双箭头，按住鼠标左键拖动即可调整图表大小。在图表其他部位按住鼠标左键可以调整图表位置，最终生成如图 12-8 所示的三维饼图。

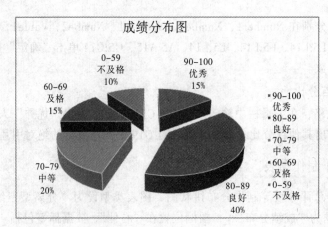

图 12-8 成绩分布饼图

练 习 题

建立一个新工作簿命名为"××学期期末成绩表",并进行保存;在工作表中输入"学号""姓名""性别""高数""计算机""大学语文""体育"字段(数据输入 20 条);数据输入完之后插入 2 列,输入"总分""平均分"两个字段,然后求出总分、平均分。

实训 ⑬

PowerPoint 2013 综合应用

实训目的

- 掌握幻灯片的修改和编辑方法。
- 掌握在幻灯片中插入各种对象（如文本框、图片、SmartArt 图形、形状、超链接等）的方法。
- 掌握动画效果的添加和设置方法。
- 掌握多媒体对象的插入和设置方法。
- 学会幻灯片的放映方法，理解不同的显示方式。

实训内容

【案例 13-1】采用"空演示文稿"方法创建"毕业论文答辩.pptx"演示文稿，创建完成的演示文稿如图 13-1 所示。

操作要求：

① 幻灯片的修改和编辑方法；文本框、图片、SmartArt 图形、形状、超链接。

② 动画效果的添加和设置。

③ 排练计时功能的设置；幻灯片的放映。

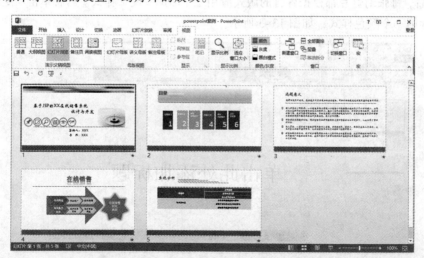

图 13-1 "毕业论文答辩.pptx"演示文稿样张

步骤提示：

1. 新建幻灯片并设置版式

① 新建演示文稿。选择"开始"→"所有程序"→"Microsoft Office 2013"→"PowerPoint 2013"命令，启动 PowerPoint 2013，建立新的演示文稿。

② 新建幻灯片。单击"开始"选项卡→"幻灯片"分组→"新建幻灯片"按钮新建幻灯片。总共新建 4 页新的幻灯片，使新建的演示文稿就包含 5 页幻灯片。

③ 幻灯片版式设置。新建演示文稿时的第 1 页幻灯片，默认采用"标题幻灯片"版式。直接单击"新建幻灯片"按钮新建的演示文稿，默认采用"标题和内容"的版式。针对本例，无须再进行幻灯片版式设置。如需修改，可在左侧导航栏选择相应幻灯片，单击打开"开始"选项卡→"幻灯片"分组→"版式"按钮，根据预览效果，选择版式设置，如图 13-2 所示。

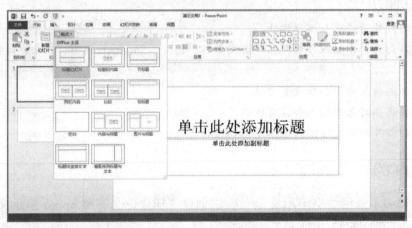

图 13-2　新建幻灯片

2. 将设计效果应用到幻灯片

单击"设计"选项卡，可以看到 Microsoft PowerPoint 2013 提供了各种各样的幻灯片设计效果。直接单击，就可以将设计效果应用到幻灯片。本例中所采用的是顺数第 4 个设计样式"回顾"。应用后，每张幻灯片都根据各自的版式应用了"回顾"设计样式。然后单击"变体"选项，应用第二行第一个颜色样式，如图 13-3 所示。

图 13-3　设计幻灯片

3．编辑幻灯片

（1）编辑首页幻灯片

对于首页幻灯片，需要完成文本录入和格式设置、图片插入和设置以及动画设置3个步骤，设置完成效果如图13-4所示。

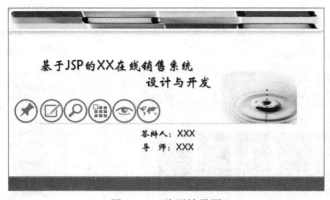

图13-4 首页效果图

① 文本录入和格式设置：在首页幻灯片的标题文本框中，录入课题名称"基于JSP的××在线销售系统设计与开发"。选中标题文字，单击"开始"选项卡→"字体"分组，设置字体为"华文新魏"，"字号"下拉列表框设置为40，并设置文字阴影效果，如图13-5所示。

② 图片插入和设置：单击"插入"选项卡→"图像"分组→"图片"按钮，如图13-6所示。

图13-5 标题文字设置

图13-6 插入图片

③ 插入修饰首页的图片。选择准备好的修饰首页的图片插入，调整图片的位置和大小。

④ 动画设置：单击打开菜单栏"动画"选项，对标题文字下面的图片设置动画效果"切入"，如图13-7所示。

图13-7 图片动画设置

（2）编辑第2页幻灯片

对于第2页幻灯片，需要完成标题文本录入和格式设置、正文文本录入和格式设置、文本框设置、图形绘制以及超链接设置等5个步骤，设置完成效果如图13-8所示。

① 标题文本录入和格式设置：在第2页幻灯片的标题文本框中，录入"目录"。选中标题文字，单击"开始"选项卡→"字体"分组的下拉列表框将字型设置为"微软雅黑"，在"字号"下拉列表框选择"36"，并设置"文字颜色"为"黑色"，"文字对齐"为"左对齐"。

② 文本框设置：在目录的右侧插入一个横排文本框，录入 "content"。为了凸显内容文本框，需要设置文本框的填充颜色。操作方法为选中 "目录" 文本框，右击，在弹出的快捷菜单中选择 "设置形状格式" 命令，在弹出的对话框中，设置 "填充" 为 "渐变填充"，如图 13-9 所示。

图 13-8　第 2 页效果图

图 13-9　设置文本框填充颜色

③ 图形绘制：在页面的中间，绘制 6 个矩形，并完成文字录入。操作方法为单击 "插入" 选项卡→ "插图" 分组→ "形状" 按钮（见图 13-10）选择 "矩形"，到幻灯片页面上进行绘制。

④ 选中绘制好的矩形形状，在第一个矩形上右击，在弹出的快捷菜单中选择 "设置形状格式" 命令，设置形状的 "填充" 为 "红色"，其他几个矩形可依次设置不同颜色，如图 13-11 所示。

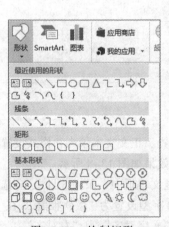

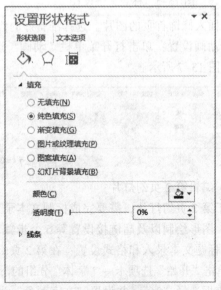

图 13-10　绘制矩形

图 13-11　设置填充颜色

⑤ 超链接设置：在 PowerPoint 中，超链接可以连接到幻灯片、文件、网页或电子邮件地址等。超链接本身可能是文本或对象（如图片、图形或艺术文字）。如果链接指向另一张幻灯片，目标幻灯片将显示在 PowerPoint 演示文稿中，如果它指向某个网页、网络位置或不同类型的文件，则会在 Web 浏览器中显示目标页或在相应的应用程序中显示目标文件。超链接设置的方法为选中文字"选题意义"，右击，在弹出的快捷菜单中选择"超链接"命令。在弹出的对话框中，"链接到"选择"本文档中的位置"，在"请选择文档中的位置"列表中选择"幻灯片 3"，如图 13-12 所示。其他目录章节可参照进行设置。

图 13-12　超级链接设置

（3）编辑第 3 页幻灯片

对于第 3 页幻灯片，需要完成标题文本录入和格式设置、正文文本录入和格式设置、动画设置等 3 个步骤，设置完成效果如图 13-13 所示。

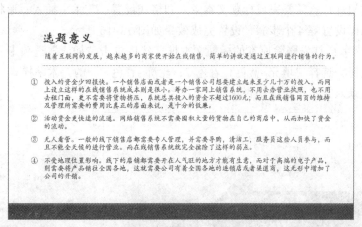

图 13-13　第 3 页效果图

① 标题文本录入和格式设置：在第 3 页幻灯片的标题文本框中，录入"选题意义"。选中标题文字，单击"开始"选项卡→"字体"分组中的下拉列表框将字型设置为"华文新魏"，在"字号"下拉列表框选择"36"，并设置"文字颜色"为"黑色"，"文字对齐"为"左对齐"。

② 正文文本录入和格式设置：在第 3 页幻灯片的内容文本框中，录入效果图所示的文本内容。根据文本内容，调整文本框的高度和宽度。全选文字，单击"开始"选项卡→"字体"

分组中的下拉列表框将字型设置为"华文楷体",在"字号"下拉列表框选择"16","文字对齐"方式设置为"左对齐"。参照效果图样式,将相应的文字设置颜色为"黑色"。修改项目符号样式,将录入文本选中,单击"开始"选项卡→"段落"分组→"编号"按钮,选择带圈编号样式,并设置颜色为"红色",如图 13-14 所示。

③ 动画设置:单击"动画"选项卡,对幻灯片页下方的正文部分文字"投入的资金少回报快……"设置动画效果"擦除"。在右侧的动画窗格中,在该动画设置上右击,在弹出的快捷菜单中选择"效果选项"命令,弹出"擦除"对话框,设置方向为"自左侧",如图 13-15 所示。其他部分文字可参照进行设置动画效果。

图 13-14　项目符号和编号设置

图 13-15　动画效果设置

（4）编辑第 4 页幻灯片

对于第 4 页幻灯片,需要完成标题文本录入和格式设置、艺术字插入、形状和 SmartArt 图形应用,以及动画设置等 4 个步骤,设置完成效果如图 13-16 所示。

① 插入艺术字:首先删除原本的标题文本框,然后单击"插入"选项卡→"文本"分组→"艺术字"按钮,选择"填充-蓝色,着色 2,轮廓-着色 2"的艺术字样式,如图 13-17 所示。设置完成后录入文本"在线销售"。

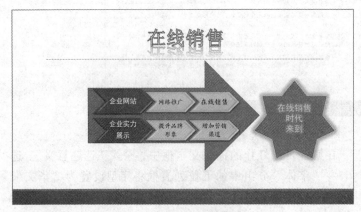

图 13-16　第 4 页效果图

图 13-17　设置艺术字

② 选中插入的艺术字,单击打开菜单栏"绘图工具-格式"选项卡,设置艺术字的"文本填充"为"纹理",并选择"水滴"纹理样式,如图 13-18 所示。

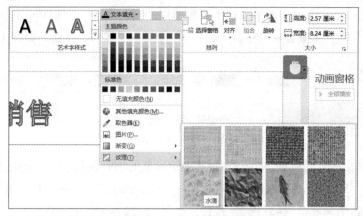

图 13-18　艺术字文本填充

③ 在"绘图工具-格式"选项卡中，设置艺术字的"文本效果"为"映像"，并选择"半映像，4pt 偏移量"转换样式，如图 13-19 所示。

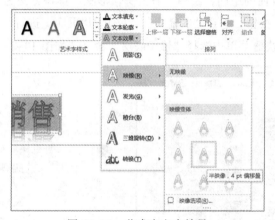

图 13-19　艺术字文本效果

④ 插入 SmartArt 图形：单击"插入"选项卡→"插图"分组→SmartArt 按钮。在弹出的对话框中，选择"流程"类别里的"V 型列表"SmartArt 图形，如图 13-20 所示。

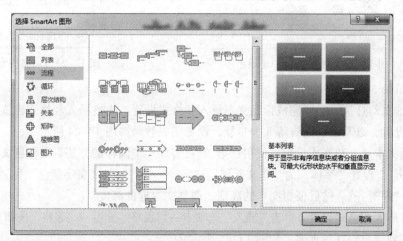

图 13-20　选择 SmartArt 图形

⑤ 修改 SmartArt 样式。由于本例中只需要用到两行列表，先删掉一行列表，然后单击 "SmartArt 工具–设计" 选项卡→ "SmartArt 样式" 分组→ "嵌入" 按钮，如图 13–21 所示。

图 13–21　选择 SmartArt 样式

⑥ 参照效果图样式，调整 SmartArt 形状中矩形框的填充颜色。操作方法为，选中第 1 行的矩形框，单击 "SmartArt 工具–设计" 选项卡→ "SmartArt 样式" → "更改颜色" 按钮，选择展开列表中的 "透明渐变范围–着色 2" 按钮，如图 13–22 所示。

⑦ 在 SmartArt 形状中的每个矩形框里，录入相应的文字内容，并将文字的 "字体" 设置为 "楷体"。最后，调整 SmartArt 形状的大小和位置。

⑧ 图形绘制：在页面的中间，绘制 "右箭头" 形状。操作方法为单击 "插入" 选项卡→ "插图" 分组→ "形状" 按钮，选择 "右箭头"，在幻灯片页面上进行绘制。然后在 "右箭头" 形状上右击，在弹出的快捷菜单中选择 "置于底层" 命令，如图 13–23 所示。

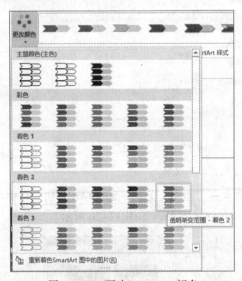

图 13–22　更改 SmartArt 颜色

图 13–23　调整图形层次

（5）编辑第 5 页幻灯片

对于第 5 页幻灯片，需要完成标题文本录入和格式设置、表格插入和格式设置、表格文本录入和格式设置，以及动画设置等 4 个步骤，设置完成效果如图 13–24 所示。

① 标题文本录入和格式设置：使用在第 2 页幻灯片中同样的方法，在标题文本框中，录入 "系统分析"。设置 "字体" 为 "华文新魏"，"字号" 为 "36"，"文字颜色" 为 "黑色"，"文字对齐" 为 "左对齐"。然后根据文本的高度，调整文本框的高度。

② 表格插入和格式设置：单击 "插入" 选项卡→ "表格" 分组→ "表格" 按钮，选择 "2×6 表格"，插入到当前幻灯片页面，如图 13–25 所示。

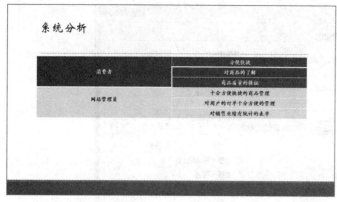

图 13-24 第 5 页效果

图 13-25 插入表格

- 单击"表格工具–设计"选项卡，将"表格样式"设置为"中度样式 2 – 强调 2"，如图 13-26 所示。

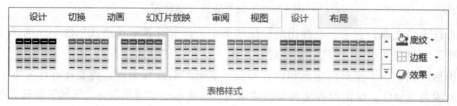

图 13-26 表格样式

- 将前面三行的"底纹"设置为"蓝色"，后面三行的"底纹"设置为"黄色"，如 13-27 所示。
- 选中前三行单元格，右击，在弹出的快捷菜单中选择"合并单元格"命令；选中后三行单元格，右击，在弹出的快捷菜单中选择"合并单元格"命令，如图 13-28 所示。

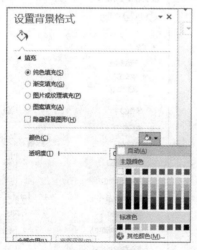

图 13-27 表格底纹

图 13-28 合并单元格

③ 表格文本录入和格式设置：参照效果图样式，录入表格内的文本。全选表格文本，右击，选择"字体"命令，设置"字体"为"华文楷体"，"字号"为"16"，"字体样式"为"加粗"，"文字颜色"为"白色"或"黑色"、"文字对齐"为"居中"，如图 13-29 所示。

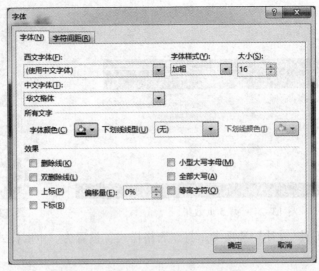

图 13-29　设置表格文字格式

- 全选表格文本，右击，在弹出的快捷菜单中选择"设置形状格式"命令。选择"文本选项"中的"文本框"，将"垂直对齐方式"设置为"中部对齐"，如图 13-30 所示。
- 图形绘制：为了使页面标题和内容间的区别更加明显和美观，需要在标题文本框右侧绘制四条分隔线。操作的方法为单击"插入"选项卡→"插图"→"形状"按钮，选择"直线"，在幻灯片页面上绘制四条直线。
- 选中绘制好的直线，右击，在弹出的快捷菜单中选择"设置形状格式"命令，在弹出的对话框中设置"线条颜色"为"蓝色"。设置"线型"，将"宽度"调整为"2.5 磅"，在"复合类型"下拉列表框中选择"单线"，如图 13-31 所示。

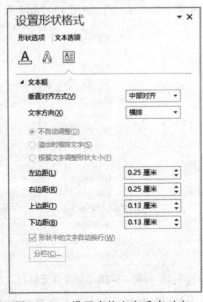

图 13-30　设置表格文字垂直对齐

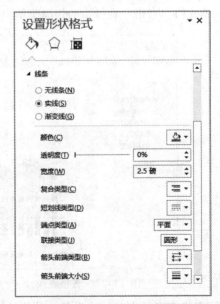

图 13-31　设置直线颜色

- 完成以上设置后，将线条的位置调整到标题右侧。

④ 动画设置：单击"动画"选项卡，对表格设置动画效果"劈裂"，如图 13-32 所示。

图 13-32　设置表格动画

4．设置幻灯片放映方式

① 幻灯片切换：幻灯片的切换效果是指在幻灯片的放映过程中，播放完的幻灯片如何消失，下一张幻灯片如何显示。PowerPoint 可以在幻灯片之间设置切换效果，从而使幻灯片放映效果更加生动有趣。操作方法为单击打开"切换"选项卡，选中第 1 页幻灯片，设置切换效果为"淡出"，然后单击"全部应用"按钮，如图 13-33 所示。

图 13-33　幻灯片切换

② 为了能够顺利地播放，使用 PowerPoint 提供的"排练计时"功能进行排练预演，以便于在展示会现场自动循环播放幻灯片。

③ 排练计时：单击"幻灯片放映"选项卡→"设置"分组→"排练计时"按钮，如图 13-34 所示。PowerPoint 随后进入演示状态并开始计时。估算演示每一张幻灯片所需的时间，当觉得需要切换幻灯片时，单击切换到下一张。在演示结束后，会弹出提示对话框，询问是否保存录制的播放过程，单击"是"按钮，保存计时信息，如图 13-35 所示。再次放映幻灯片，就可以看到刚刚录制的排练过程。

图 13-34　排练计时

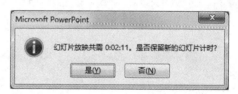

图 13-35　提示对话框

④ 幻灯片放映：完成以上设置，可以通过单击"幻灯片放映"选项卡→"开始放映幻灯片"分组中的按钮观看幻灯片的放映，如图 13-36 所示。单击"从头开始"按钮，可以从第 1 页开始，观看幻灯片放映，这个按钮还可以通过快捷键【F5】实现。单击"从当前幻灯片开始"按钮，可以从选中的任意一页幻灯片开始观看幻灯片的放映。

图 13-36　幻灯片放映

⑤ 幻灯片进行切换时，通常使用鼠标单击来实现。在一些特殊场合下，如展览会场或在无人值守的会议上，播放演示文稿不需要人工干预而是自动运行。实现自动循环放映幻灯片需要分两步进行：先为演示文稿设置放映排练时间，再为演示文稿设置放映方式。

练 习 题

请使用已经学过的知识制作一个班级介绍的演示文稿，具体要求如下：

1. 至少有 5 个以上的幻灯片。
2. 各幻灯片使用统一的风格。
3. 幻灯片中必须包括文字、图片、艺术字。
4. 设置幻灯片切换效果和各对象的动态效果。

以上要求为基本要求，学生可以根据自己掌握知识的情况发挥自己的能力，添加其他幻灯片的制作技术与效果。

实训 ⑭

简单的组网技术

实训目的

- 认识和掌握网络设备的安装、配置方法。
- 熟悉系统中网络部件的安装和设置。
- 熟悉网络拨号、局域网设置和网络资源访问等操作。

实训内容

【案例 14-1】网络设备介绍、ADSL 联网技术、简单局域网组网技术。

操作要求：

① 网络设备介绍。

② ADSL 联网技术介绍。

③ 简单局域网组网技术介绍。

步骤提示：

1. 网络设备介绍

① 调制解调器：英文是 Modem，其作用是模拟信号和数字信号互相转换。用户使用的电话线路传输的是模拟信号，而计算机之间传输的是数字信号。所以，当用户想通过电话线把自己的计算机连入 Internet 时，就必须使用调制解调器来"翻译"两种不同的信号，完成计算机之间的通信。调制解调器图片如图 14-1 所示。

② 路由器：英文是 Router，其作用是连接因特网中各局域网、广域网的设备，它会根据信道的情况自动选择和设置路由，以最佳路径按前后顺序发送信号（的设备）。路由器是互联网络的枢纽，其作用相当于"交通警察"。路由器图片如图 14-2 所示。

图 14-1　调制解调器

图 14-2　路由器

③ 交换机：英文是 Switch，是一种用于电信号转发的网络设备。它可以为接入交换机的任意两个网络结点提供独享的电信号通路，最常见的交换机是以太网交换机。交换机图片如图 14-3 所示。

④ 集线器：英文是 Hub，其主要功能是对接收到的信号进行再生整形放大，以扩大网络的传输距离，同时把所有结点集中在以它为中心的结点上。集线器与网卡、网线等传输介质一样，属于局域网中的基础设备，采用 CSMA/CD（一种检测协议）访问方式。集线器图片如图 14-4 所示。

图 14-3　交换机

图 14-4　集线器

⑤ 网卡：计算机与外界局域网的连接是通过主机箱内插入一块网络接口板，又称通信适配器或 Adapter。目前，市场上有 8139 芯片的普通网卡和 USB 无线网卡等。网卡图片如图 14-5 和图 14-6 所示。

⑥ 网线水晶头：在制作网线之前，需要准备水晶头（见图 14-7）、压线钳（见图 14-8）、测线仪（见图 14-9）、网线（见图 14-10）。制作网线有 3 种方式，用于连接不同的设备。

图 14-5　网卡

图 14-6　无线网卡

图 14-7　水晶头

图 14-8　压线钳

图 14-9　测线仪

图 14-10　网线

第一类是直通线（平行线）：可连接主机和交换机、集线器；路由器和交换机、集线器。

第二类是交叉线：可连接交换机—交换机；主机—主机；集线器—集线器；集线器—交换机；主机—路由器。

第三类是全反线：用于进行 Router 的配置，连接 Console 口需要一个 DB25 转接头。

由于连接设备不同，网线接口（也叫水晶头 RJ45）的体序排列方式主要有两种：

第一种是 568A 型，网线从左到右排列顺序为：白绿、绿、白橙、蓝、白蓝、橙、白棕、棕。

第二种是 568B 型，网线从左到右排列顺序为：白橙、橙、白绿、蓝、白蓝、绿、白棕、棕。

水晶头内部的网线排序图片如图 14-11 所示。

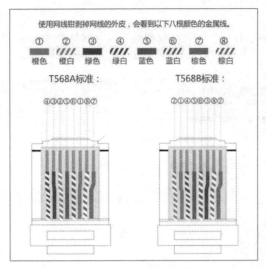

图 14-11 水晶头线序

如果要制作计算机—交换机或集线器的网线，应该选择直通线：两头都是 568A 或者都是 568B；如果要制作路由器—交换机或集线器的网线，应该选择直通线：两头都是 568A 或者都是 568B；如果要制作 PC—PC 的网线，应该选择交叉线：一头是 568A；一头是 S68B。

网络设备及部件是连接到网络中的物理实体。网络设备的种类繁多，且与日俱增。本实训主要针对 ADSL 网络拨号和小局域联网，所涉及的网络设备主要以方便实用为主。

2．ADSL 联网技术介绍

ADSL 是 DSL（数字用户环路）家族中最常用、最成熟的技术，（Asymmetrical Digital Subscriber Loop，非对称数字用户环路）它是运行在原有普通电话线上的一种新的高速宽带技术。ADSL 的最大特点是上网速度快，上行速率最高可达 640 kbit/s 和下行速率最高可达 8 Mbit/s。

（1）准备 ADSL 硬件设备

相关设备包括计算机、网卡、无线路由器（考虑有多台计算机联网）、Modem、电话线、网线。

在电话公司申请到 ADSL 上网账号后，按照网络拓扑结构图（见图 14-12），用网线连接好计算机、路由器、Modem，并将电话线一端插入 Modem。当硬件设备的正常连接后，可以开始软件拨号设置。

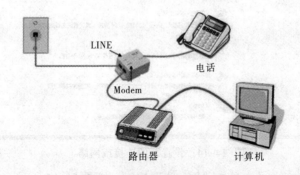

图 14-12 ADSL 网络拓扑结构图

（2）设置 ADSL 软件

① 启动计算机，选择"开始"→"控制面板"→"网络和 Internet"→"网络和共享中心"，如图 14-13 所示。

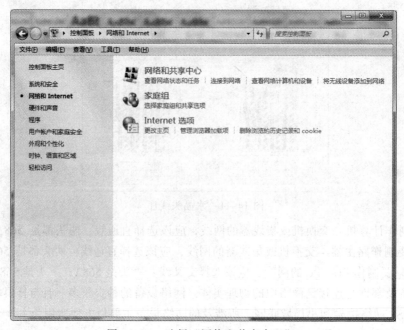

图 14-13　选择"网络和共享中心"

② 选择"设置新的连接或网络"，如图 14-14 所示。

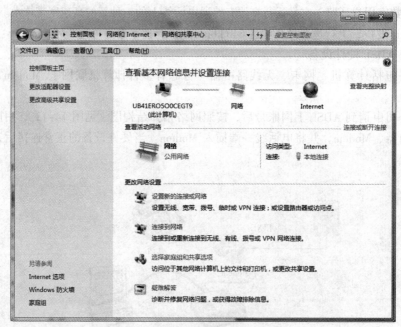

图 14-14　设置新的连接或网络

③ 选择"连接到 Internet"，单击"下一步"按钮，如图 14-15 所示。

图 14-15 连接到 Internet

④ 选择"宽带（PPPoE）"，如图 14-16 所示。

图 14-16 宽带（PPPoE）

⑤ 输入宽带服务商提供的账号和密码，然后单击"连接"按钮即可，如图 14-17 所示。

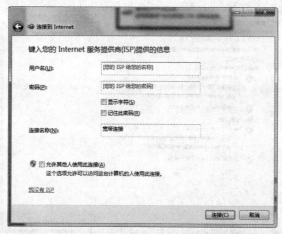

图 14-17 输入宽带服务商提供的账号和密码

3. 简单局域网组网技术介绍

局域网（Local Area Network，LAN）是指在某一区域内由多台计算机互联成的计算机组，一般在几千米以内。局域网可以实现文件管理、应用软件共享，打印机共享、工作组内的日程安排、电子邮件和传真通信服务等功能。局域网是封闭型的，可以由办公室内的两台计算机组成，也可以由一个公司内的上千台计算机组成。本例以办公局域网为例组网，如图 14-18 所示。

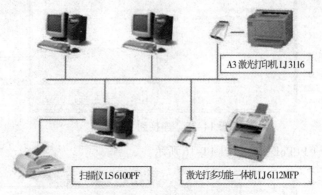

图 14-18　局域网网络拓扑图

（1）局域网硬件准备

① 组网目标：在 100 m^2 区域，实现 5～10 台计算机联网。

② 组网设备：交换机、路由器各 1 台，计算机、网卡、网线各若干。

提示：按照拓扑结构图，用网线连接计算机与交换机、无线路由器；交换机与外网连接；路由器与交换机连接。

（2）局域网配置步骤

① 单击"开始"→"控制面板"→"系统和安全"→"Windows 防火墙"→"更改通知设置"。在"自定义设置"窗口可以看到："家庭或工作（专用）网络位置设置"和"公用网络位置设置"中的"阻止所有传入连接，包括位于允许程序列表中的程序"都处于选中状态，单击取消选中状态，如图 14-19 所示。

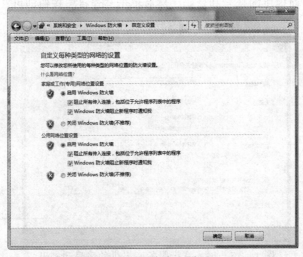

图 14-19　自定义设置

② 返回到"Windows 防火墙"窗口，单击"允许程序或功能通过 Windows 防火墙"；在弹出的"允许的程序"窗口中，选中"文件和打印机共享"复选框，然后单击"确定"按钮退出设置，如图 14-20 所示。

图 14-20　允许文件和打印机共享

③ 网络共享设置，检查各计算机所属工作组 IP 是否在同一网段，如 192.168.1.×××，如图 14-21 所示。

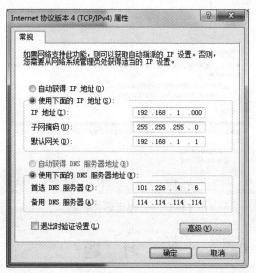

图 14-21　IP 设置

④ 单击"开始"→"控制面板"→"网络和 Internet"→"网络和共享中心"，在弹出的"网络和共享中心"窗口，选择"更改高级共享设置"，在弹出的"高级共享设置"窗口，可以针对不同的网络配置文件更改共享选项。我们选择"家庭或工作"网络，展开之后找到"网络发现"，选中"启用网络发现"单选按钮；在"文件和打印机共享"下选中"启用文件和打印机共享"

单选按钮，如图14-22所示；在"密码保护的共享"下选中"关闭密码保护共享"单选按钮，如图14-23所示。

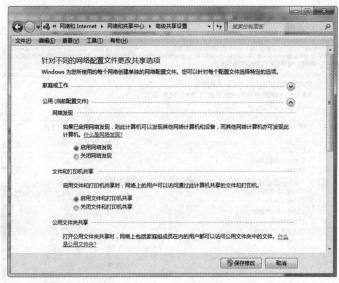

图14-22 启用网络发现

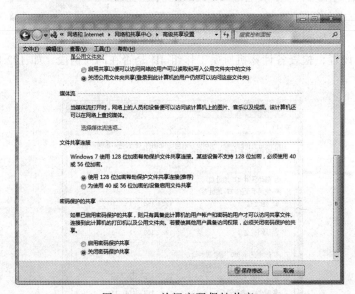

图14-23 关闭密码保护共享

练 习 题

1. 在E盘新建GX文件夹，并设置为共享文件。
2. 访问"网上邻居"，找到本机的共享文件夹GX。
3. 查询相同区域的主机，并将对方共享文件复制到GX中。
4. 在条件允许时，组建一个2～4台主机的局域网，联机访问共享数据。

实训 ⑮

Internet 综合应用

实训目的

- 掌握 IE 浏览器的基本使用方法。
- 掌握 IE 浏览器的设置方法。
- 掌握搜索引擎的使用方法。
- 掌握文件服务器的设置方法。

实训内容

【案例 15-1】 使用和设置 IE 浏览器。

操作要求：

① 用浏览器浏览网站主页、申请邮箱和下载安装软件。

② 使用收藏夹收藏网站。

③ 设置 Internet 选项。

④ 网页的搜索和保存。

步骤提示：

① 启动 Internet Explore 浏览器（以下简称 IE），在地址栏输入 http://www.qq.com，浏览该主页，申请 QQ 账号，并下载安装最新 QQ 软件和 QQ 电脑管家。

② 在地址栏输入 http://www.163.com，并进入邮箱页面，申请一个免费邮箱。接受服务协议才能申请免费邮箱，有些信息必填。申请完毕后，要记住邮箱的账户和密码。

③ 通过网页登录 163 邮箱，给同学发送一封邮件并抄送给自己。邮件主题为：我的第一封电子邮件。邮件内容随意填写，然后通过"收件箱"查看。

④ 把搜狐网站加入到收藏夹，命名为"搜狐网"。关闭 IE，通过收藏夹打开搜狐网站。在收藏夹中建立一个"新闻"文件夹，并把"搜狐新闻"添加到该文件夹。

方法一：打开"搜狐新闻"首页，选择"收藏"→"添加到文件夹"命令，在弹出对话框中单击"新建文件夹"，在输入框中输入"新闻"，然后单击"确定"按钮。

方法二：选择"收藏夹"→"整理收藏夹"命令，单击"新建文件夹"按钮，然后在输入框中输入"新闻"；打开"搜狐新闻"首页，选择"收藏"→"添加到文件夹"命令，选择"新闻"目录，单击"确定"按钮。

⑤ 打开"Internet 选项"对话框。一是单击"控制面板"→"网络和 Internet"→"Internet

选项"，可以打开"Internet 属性"对话框，如图 15-1 所示；二是在 IE 中，选择"工具"→"Internet 选项"命令，也可以打开"Internet 属性"对话框。在该对话框中，可以依次在各选项卡完成以下设置：

a. 设置首页为 http://www.baidu.com。

b. 把临时文件夹的大小设为 500MB，并将临时文件设为 D:\internetTemp。

c. 查看本地计算机中保存的以前曾经访问过的网页。

d. 将 Internet 安全级别设置为"中"。

e. 设置"禁用脚本调试"，关闭"播放网页中的视频"。

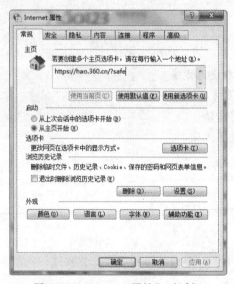

图 15-1 "Internet 属性"对话框

⑥ 网页的搜索和保存：

a. 登录"网易"（www.163.com）。

b. 登录"搜狐新闻"（http://news.sohu.com）阅读头条新闻，并将该新闻网页保存到硬盘上，然后在硬盘上打开刚才保存的网页。

c. 将"搜狐新闻"（http://news.sohu.com）头条新闻图片保存到硬盘上。

【案例 15-2】设置 Serv-UFTP 服务器。

操作要求：

① 下载安装文件服务器。

② 创建管理域。

③ 创建用户账户。

④ 登录文件服务器。

步骤提示：

1. 下载安装文件服务器

文件服务器软件类型较多，Serv-U 服务器的标志如图 15-2 所示，它是目前用得较多的服务器。

图 15-2 Serv-U 服务器标志

如果首次安装 Serv-U，只需遵照安装提示选择安装目录并配置桌面快捷方式，以便快速访问服务器。也可选择将 Serv-U 作为系统服务器安装，此后当 Windows 启动时会自动启动 Serv-U。如果 Serv-U 未作为系统服务安装，则登录 Windows 后需要手动启动该软件。

一旦完成安装，将启动 Serv-U 管理控制台。如果选择安装后不启动 Serv-U 管理控制台，可以通过双击系统任务栏中的 Serv-U 图标，或右击选择"启动管理控制台"命令，启动控制台，如图 15-3 所示。

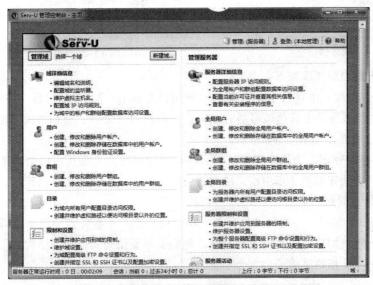

图 15-3　Serv-U 管理控制台

2. 创建管理域

完成加载管理控制台后，即可创建管理域，域详细信息如图 15-4 所示。如果当前没有现存域将会提示是否创建新城，单击启动域创建向导，通过管理控制台顶部或更改域对话框内的"新建域"按钮，从管理控制台中打开更改域对话框。在 Serv-U 文件服务器上创建新域的步骤如下：

① 提供唯一的域名。域名对其用户是不可见的，并且不影响其他人访问域的方式。它只是域的标识符，使其管理员更方便地识别和管理域。同时域名必须是唯一的，从而使 Ser-U 可以将其与服务器上的其他区域分开。

② 指定用户访问该域所用的协议。标准文件共享协议是 FTP（文件传输协议），它运行于默认端口 21。端口号可以更改为所选择的数值。如果在非默认端口运行服务器，推荐使用 1 024 以上的端口。选中希望域支持的协议旁的选择框，然后单击"下一步"按钮继续。

③ 指定用于连接该域的物理地址。通常，这是用户指定的 IP 址，用于在 Internet 上查找服务器。大多数家庭用户可以保留该选项为空白，以使 Serv-U 使用计算机上的任何可用的 IP 地址。

④ 在该域存储密码时将使用加密模式。默认情况下，使用单向加密安全地存储所有 FTP 密码，一旦保存密码就会将其锁定。根据设置向导创建一个域，然后创建用户账户，以便通过该域开始共享文件。

3．创建用户账户

创建首个域后，管理控制台将显示用户页面（见图 15-5），并询问否希望使用新建用户向导创建新用户账户。单击启动新建用户账户向导。任何时候通过单击用户账户页面上的"向导"按钮都可运行该向导。

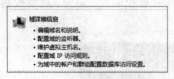

图 15-4　域详细信息

图 15-5　创建用户

创建新用户账户的步骤如下：

① 提供账户的唯一的登录 ID。连接域时使用该登录 ID 开始验证过程。登录 ID 对于该域必须是唯一的，但服务器上其他域可能有账户拥有同样的登录 ID。要创建匿名账户，指定登录 ID 为 anonymous 或 ftp，如图 15-6 所示。

② 为账户指定密码。当用户连接域时，密码是验证用户身份所需的第二条信息。如果有人要连接该域，必须知道第一步中指定的登录 ID 以及此密码。密码可以留空，但将导致登录 ID 的任何人都能访问域，单击"下一步"继续。

③ 指定账户的根目录。根目录是登录成功时用户账户在服务器硬盘（或可访问的网络资源）上所处的位置。如果锁定用户至根目录，他们就不能访问其根目录结构之上的文件或文件夹，单击"下一步"按钮继续最后一个步骤。

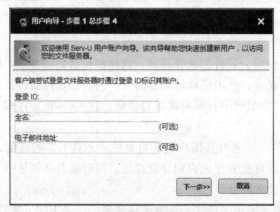

图 15-6　创建账户

④ 授予账户联户访问权，如图 15-7 所示。访问权是按目录授予的。"只读访问"用户只可在根目录中下载文件和文件夹，不能上传文件、创建新目录、删除文件/文件夹或重命名文件/文件夹；"完全访问"用户能执行上述所有操作。

Serv-U 文件服务器已准备就绪可供访问和共享，可以像创建该账户一样创建更多账户以便与其他朋友、家人或同事共享。每个用户可有不同的根目录从而可与不同人共享不同文件。

4．登录文件服务器

如果上述设置正确，可以通过 Web 访问（本例页面址 ftp://127.0.0.1/）或者 FTP 客户端软件登录文件服务器，通过创建的账号、密码登录，进行上传和下载操作，如图 15-8 所示。

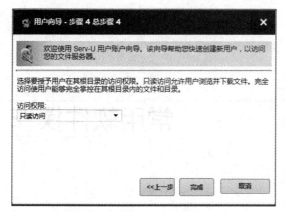

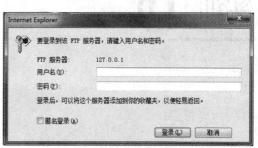

图 15-7　授予用户账户访问权限　　　　图 15-8　Web 方式登录文件服务器

练　习　题

1. 在"搜狐新闻"（http://news.sohu.com）上快速找到含有"股票"的所有位置，保存首页在 D 盘，命名为"股票"。

2. 删除所有临时文件目录下的文件，将历史记录网页保存的天数设为 10 天。

3. 下载一首流行音乐，保存到 D 盘，歌名为 music。

4. 下载安装设置文件服务器，创建用户后，登录文件服务器上传 D 盘中的歌曲。

5. 学生登录"北京洪恩软件公司"，并在线学习计算机基础知识。

6. 编辑电子邮件：

（1）件人地址：（收件人地址考试时指定）

主题：计算机作业

正文如下：

　　尊敬的老师：您好！

　　　　您需要的文件已准备好，现发给您，见附件。

　　　　此致

　　敬礼！

（考生姓名）

（考生的学号）

2017 年 12 月 12 日

（2）将 D 盘的"股票"和 music 两个文件以附件的形式添加在邮件中发送。

实训 ⑯

常用软件操作

实训目的

- 掌握 WinRAR 压缩、解压缩文件/文件夹的操作方法。
- 掌握 360 安全卫士各项功能的操作方法。
- 掌握 U 盘启动盘制作工具的操作方法。

实训内容

【案例 16-1】使用 WinRAR 压缩、解压缩文件。

操作要求：

① 新建一个 Word 文档，完成对文档的压缩。

② 完成对压缩文档的解压缩。

步骤提示：

1. 新建一个 Word 文档，完成对文档的压缩

① 新建"产品销售方案"Word 文档，从网上搜索某个产品销售的相关信息，复制保存到该文档中，关闭 Word 文档。

② 选中"产品销售方案.docx"，右击，在弹出的快捷菜单中选择"添加到'产品销售方案.rar'"命令，即可在原文件夹下生成同名的压缩文件"产品销售方案.rar"，如图 16-1 所示。

如需在其他文件夹下生成不同名的压缩文件，可右击该 Word 文档，在弹出的快捷菜单中选择"添加到压缩文件"命令，弹出"压缩文件名和参数"对话框，如图 16-2 所示。在"常规"选项卡中设置压缩文件名为"C:\产品销售方案(压缩).rar"，压缩文件格式设为 RAR，压缩方式设为"标准"，更新方式设为"添加并替换文件"，单击"确定"按钮后即可在 C 盘生成压缩文件"产品销售方案(压缩).rar"。

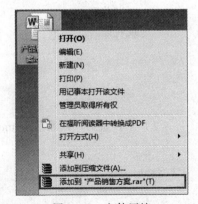

图 16-1　文件压缩

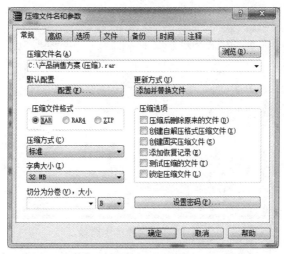

图 16-2 "压缩文件名和参数"对话框

2．对压缩文件"产品销售方案.rar"进行解压缩

对压缩文件"产品销售方案.rar"进行解压缩有两种方法：

方法一：直接双击压缩文件进行解压缩。双击该文件，在弹出的 WinRAR 窗口中，即可查看解压缩文件"产品销售方案.docx"，如图 16-3 所示。

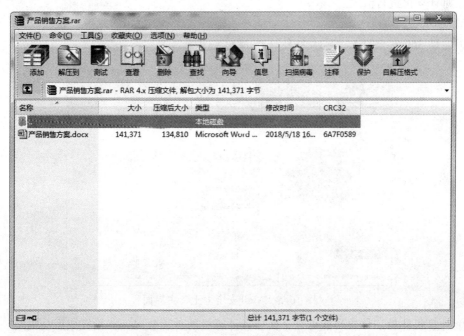

图 16-3　在 WinRAR 窗口显示文件

方法二：通过设置"解压路径和选项"对话框进行解压缩。右击该文件，在弹出的快捷菜单中选择"解压文件"命令，弹出"解压路径和选项"对话框。在"常规"选项卡中设置目标路径为"D:\"，单击"确定"按钮，即可在 D 盘下生成解压文件"产品销售方案.docx"，如图 16-4 所示。

对于文件夹的压缩和解压缩方法同文件的操作一样，在此不再赘述。

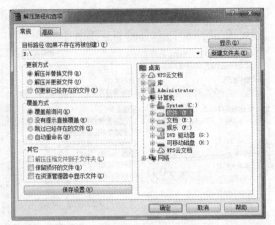

图 16-4　设置解压路径

【案例 16-2】360 安全卫士操作。

操作要求：

① 对计算机进行体检，完成系统修复。

② 对计算机进行木马查杀。

③ 对计算机进行清理。

步骤提示：

① 启动 360 安全卫士，显示如图 16-5 所示主界面。

图 16-5　"360 安全卫士"主界面

② 计算机体检。体检功能可以全面检查计算机的各项状况，体检完成后会提交一份优化计算机的建议，可以根据需求对计算机进行优化，也可以便捷地选择一键修复。单击主界面上的"电脑体检"图标，然后单击"立即体检"按钮开始对计算机进行系统体检，如图 16-6 所示。电脑体检完成后，单击"一键修复"图标对系统进行修复。

③ 木马查杀。木马对计算机的危害非常大，及时查杀木马对安全上网十分重要。单击主界面上的"木马查杀"图标，打开如图 16-7 所示主界面。单击"快速查杀""全盘查杀"或"按位置查杀"按钮查杀计算机中存在的木马程序。

图 16-6　电脑体检

图 16-7　查杀木马

④ 计算机清理。计算机清理主要是对计算机中的垃圾、插件和痕迹进行清理。单击主界面上的"电脑清理"图标，打开如图 16-8 所示主界面。单击主界面上的"全面清理"按钮，360 安全卫士将对计算机进行全面扫描，扫描完成后，单击"一键清理"按钮完成对计算机的清理。

图 16-8　电脑清理

【案例16-3】雨林木风 U 盘启动盘制作工具操作。

操作要求: 制作 U 盘启动盘。

步骤提示:

① 启动制作工具,显示如图 16-9 所示主界面。

② 插入 U 盘,单击"一键制作成 USB 启动盘"按钮,程序会提示是否继续,确认所选 U 盘无重要数据后开始制作,如图 16-10 所示。

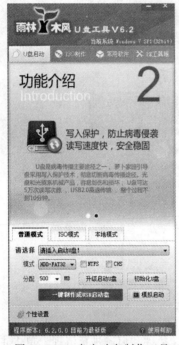

图 16-9　U 盘启动盘制作工具

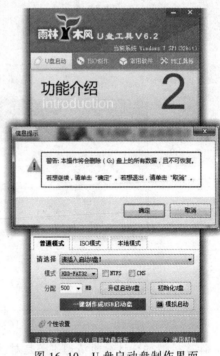

图 16-10　U 盘启动盘制作界面

制作过程中不要进行其他操作以免造成制作失败。制作过程中可能会出现短时间的停顿,需耐心等待几秒钟,当提示制作完成时安全删除 U 盘并拔出 U 盘即可完成启动 U 盘的制作。

③ 将准备好的 gho 系统文件复制到 U 盘中便完成 U 盘启动盘的制作。

练 习 题

1. 360 安全卫士是一种什么软件?它有哪些功能?

2. U 盘启动盘有什么作用?制作 U 盘启动盘的常用工具有哪些?制作过程是怎样的?

第 2 部分 习 题

习题 1

计算机基础习题

一、单选题

1. 第四代计算机的主要元器件采用的是（　　）。

　A．电子管　　　　　　　　　　　　B．晶体管

　C．小规模集成电路　　　　　　　　D．大规模和超大规模集成电路

2. 计算机在天气预报、地震探测、导弹卫星轨迹等方面的应用都属于（　　）。

　A．过程控制　　　　　　　　　　　B．数据处理

　C．科学计算　　　　　　　　　　　D．人工只能

3. （　　）主要应用在机器人（Robots）、专家系统、模式识别（Pattern Recognition）、智能检索（Intelligent Retrieval）等方面。

　A．过程控制　　　B．数据处理　　　C．科学计算　　　D．人工智能

4. 下列（　　）不属于计算机内部采用二进制的优点。

　A．便于硬件的物理实现　　　　　　B．运算规则简单

　C．可用较少的位数表示大数　　　　D．可简化计算机结构

5. 在计算机中信息的最小单位是（　　）。

　A．位　　　　　　B．字节　　　　　C．字　　　　　　D．字长

6. 在计算机中信息的基本存储单位是字节，一个字节对应的二进制位数是（　　）。

　A．1　　　　　　B．2　　　　　　　C．4　　　　　　D．8

7. 二进制数 1001101.0101 对应的八进制数和十六进制数分别为（　　）。

　A．115.24　4D.5　　　　　　　　　B．461.24　4D.5

　C．461.21　5D.5　　　　　　　　　D．115.21　4D.5

8. 下列一组数中，最大的数是（　　）。

　A．54H　　　　　B．123.4O　　　　C．1010011B　　　D．84.5D

9. 计算机中 1 KB 表示的字节数是（　　）。

　A．1000　　　　B．8×1000　　　　C．1024　　　　　D．8×1024

10. 1 GB 等于（　　）。

　A．1 000 B　　　B．1 024 B　　　　C．1 000 MB　　　D．1 024 MB

11. 国际通用的 ASCII 码的码长是（　　　）。

    A. 7   B. 8   C. 15   D. 16

12. 已知三个字符为：a、X 和 5，按照它们的 ASCII 码值升序排序，结果是（　　　）。

    A. 5、a、X   B. a、5、X   C. X、a、5   D. 5、X、a

13. 汉字的（　　　）是计算机系统内部对汉字进行存储、处理和传输统一使用的代码。

    A. 输入码   B. 国标码   C. 机内码   D. 字形码

14. 已知汉字"保"的区位码是 1103H，则其国标码是（　　　）。

    A. 4935H   B. 3123H   C. B1A3H   D. 1703H

15. 存储 24×24 点阵的一个汉字信息，需要的字节数是（　　　）。

    A. 48   B. 72   C. 144   D. 192

16. 计算机能够自动地按照人们的意图进行工作的最基本思想是程序存储，这个思想是由（　　　）提出来的。

    A. 布尔   B. 图灵   C. 冯·诺依曼   D. 爱因斯坦

17. 一个完整的计算机系统包括（　　　）。

    A. 硬件和软件   B. 主机和外围设备

    C. 主机和软件   D. 运算器、存储器和控制器

18. 计算机的硬件系统应包括（　　　）。

    A. 显示器、ROM、教学设备和控制设备

    B. 存储器、CPU、操作系统及软件系统

    C. 存储器、CPU、输入设备和输出设备

    D. 存储器、键盘、通信设备和音响系统

19. 计算机硬件系统中最核心的部件是（　　　）。

    A. 主板   B. CPU   C. 内存储器   D. I/O 设备

20. CPU 主要技术性能指标有（　　　）。

    A. 字长、运算速度和时钟主频   B. 可靠性和精度

    C. 耗电量和效率   D. 冷却效率

21. 能进行逻辑操作的部件是（　　　）。

    A. 累加器   B. 寄存器   C. 控制器   D. 运算器

22. 计算机要执行一条指令，CPU 首先所涉及的操作应该是（　　　）。

    A. 指令译码   B. 取指令   C. 存放结果   D. 执行指令

23. ROM 与 RAM 的主要区别是（　　　）。

    A. 断电后 ROM 内保存的信息会丢失，而 RAM 则可长期保存，不会丢失

    B. 断电后 RAM 内保存的信息会丢失，而 ROM 则可长期保存，不会丢失

    C. ROM 是外存储器，RAM 是内存储器

    D. ROM 是内存储器，RAM 是外存储器

24. Cache 可以提高计算机的性能，主要是因为它（　　　）。

    A. 提高了 CPU 的倍频   B. 提高了 CPU 的主频

    C. 提高了 RAM 的容量   D. 缩短了 CPU 访问数据的时间

25. 下列有关存储器读/写速度由快到慢的排列，正确的是（   ）。

    A．内存、Cache、硬盘、光盘   B．Cache、内存、硬盘、光盘

    C．Cache、硬盘、内存、光盘   D．内存、硬盘、光盘、Cache

26. CPU 能直接访问的存储器是（   ）。

    A．U 盘   B．硬盘   C．内存   D．光盘

27. 一般来说，在一台计算机中存储容量最大的是（   ）。

    A．U 盘   B．硬盘   C．光盘   D．内存

28. 下列设备不是输入设备的是（   ）。

    A．扫描仪   B．数码照相机   C．显示器   D．鼠标

29. 计算机键盘上用于输入上档字符和转换英文大小写字母输入的是（   ）。

    A．【Shift】键   B．【Alt】键   C．【Ctrl】键   D．【Caps Lock】键

30. 用于切换英文大小写字母的是（   ）。

    A．【NumLock】键   B．【Caps Lock】键

    C．【Ctrl】键   D．【Shift】键

31. 扩展键盘上小键盘区既可当光标键移动光标，也可作为数字输入键，在二者之间切换的是（   ）。

    A．【Ctrl】键   B．【Shift】键   C．【Num Lock】键   D．【Caps Lock】键

32. 某学校的图书管理系统属于（   ）。

    A．支撑服务软件   B．系统软件

    C．应用软件   D．数据库管理系统

33. 计算机硬件能直接识别和执行的只有（   ）。

    A．高级语言   B．符号语言   C．汇编语言   D．机器语言

34. 把用高级语言编写的程序转换为可执行程序，要经过的过程称为（   ）。

    A．汇编和解释   B．编辑和连接   C．编译和连接装配   D．解释和编译

35. 媒体是指（   ）。

    A．存储信息的物理媒体   B．计算机内部的存储器

    C．外部存储器   D．传播信息的载体

36. 在多媒体系统中，硬盘和光盘属于（   ）媒体。

    A．感觉   B．传输   C．表现   D．存储

37. 多媒体技术不具有的特性是（   ）。

    A．多样性   B．集成性   C．智能性   D．交互性

38. 计算机病毒是指（   ）。

    A．一种可传染的细菌

    B．一种人为制造的破坏计算机系统的程序

    C．一种由操作者传染给计算机的病毒

    D．一种被破坏了的程序

39. 计算机感染病毒的可能途径之一是（   ）。

    A．从键盘上输入数据

    B．随意运行外来的、未经杀病毒软件严格审查的软件

C．所使用的光盘表面不清洁

D．电源不稳定

40．下列叙述中，正确的是（　　　　）。

A．所有计算机病毒只在可执行文件中传染

B．计算机病毒可通过读/写移动存储器或在 Internet 上进行传播

C．只要把带毒 U 盘设置成只读状态，此盘上的病毒就不会因读盘而传染给计算机

D．计算机病毒发作时影响计算机操作者的身体健康

二、填空题

1．计算机的发展阶段通常是按照计算机所采用的＿＿＿＿＿＿＿来划分的。

2．十进制数 85.625 转换成二进制数是＿＿＿＿＿＿＿＿＿＿。

3．在计算机中一个英文符号用＿＿＿＿＿＿字节表示，一个汉字用＿＿＿＿＿＿字节表示。

4．计算机总线分为数据总线、＿＿＿＿＿＿＿和＿＿＿＿＿＿。

5．CPU 的中文名字是＿＿＿＿＿＿＿＿，RAM 的中文名字是＿＿＿＿＿＿＿＿，ROM 的中文名字是＿＿＿＿＿＿＿＿。

6．一条计算机指令通常由＿＿＿＿＿＿和＿＿＿＿＿＿两部分组成

7．计算机内存中每个存储单元都被赋予唯一的编号，这个编号称为＿＿＿＿＿＿＿。

8．显示器的＿＿＿＿＿＿是屏幕上横向像素的个数和纵向像素个数的乘积。

9．计算机的软件系统包括＿＿＿＿＿＿和＿＿＿＿＿＿。

10．计算机病毒具有破坏性、传染性、＿＿＿＿＿＿、＿＿＿＿＿＿和激发性。

三、判断题

（　　　）1．计算机辅助设计的英文缩写是 CAM。

（　　　）2．中国的"神威·太湖之光"超级计算机目前是世界上运算速度最快的计算机，其属于巨型计算机。

（　　　）3．计算机中的数据用二进制编码来表示。

（　　　）4．字长是计算机的运算部件能同时处理的二进制数据的位数。

（　　　）5．计算机系统的中央处理器通常指运算器和存储器。

（　　　）6．系统主板是微型计算机中各种设备的连接载体。

（　　　）7．控制器的作用是负责解读和执行程序的指令，控制计算机的各个部件有条不紊的工作。

（　　　）8．要输入数字键"8"上面的"*"号，必须首先按住【Ctrl】键，再按此数字键。

（　　　）9．用高级程序语言编写的程序称为源程序。

（　　　）10．目前市面上有不少很好的杀毒软件，不但可以查杀计算机中已有的病毒，而且还可以查杀将来可能出现的各种新病毒。

习题

操作系统习题

一、单选题

1. 下列不属于操作系统管理功能的是（　　）。

   A．数据库管理 　　　B．处理器管理 　　　C．存储器管理 　　　D．作业管理

2. 下列不属于操作系统的软件是（　　）。

   A．Windows 　　　B．DOS 　　　C．UNIX 　　　D．Word

3. Windows 7 中的用户账户 Administrator 是（　　）。

   A．来宾账户 　　　B．管理员账户 　　　C．无密码账户 　　　D．受限账户

4. 用户在运行某些应用程序时，若程序运行界面在屏幕上的显示不完整时，正确的做法是（　　）。

   A．升级 CPU 或内存 　　　　　　　B．更改窗口的字体、大小、颜色

   C．升级硬盘 　　　　　　　　　　D．更改系统显示属性，重新设置分辨率

5. 对"库"的描述正确的是（　　）。

   A．删除图片库，则图片库的图片也被删除

   B．"库"中只包含视频库、图片库、文档库和音乐库，不能增加其他库

   C．一个文件夹只能包含在一个库中，不能被其他库所包含

   D．用户可以将硬盘上不同位置的文件夹添加到库中

6. 在 Windows 7 中，下列关于"开始"菜单的说法错误的是（　　）。

   A．"开始"菜单中的内容可以在"任务栏和开始菜单属性"对话框中设置

   B．"开始"菜单中的内容是固定的，用户不能进行调整

   C．"开始"菜单中的内容可以删除

   D．可以将桌面上的图标用鼠标直接拖动到"开始"菜单

7. 在 Windows 7 系统默认情况下，要执行某个应用程序，下列方法错误的是（　　）。

   A．在计算机中，用鼠标双击该应用程序

   B．利用"开始"菜单中的"搜索程序和文件"框

   C．选中该应用程序后，右击，选择"打开"命令

   D．选中该应用程序后，单击

8. 在 Windows 7 中，用"创建快捷方式"创建的图标（　　）。

   A．可以是任何文件或文件夹 　　　　B．只能是可执行程序或程序组

   C．文件夹不能创建快捷方式 　　　　D．只能是程序文件和文档文件

9. 下列关于任务栏的说法错误的是（　　　）。

　　A．既能改变位置也能改变大小

　　B．可以将任务栏设置为自动隐藏

　　C．在任务栏上，只显示当前活动窗口图标

　　D．单击任务栏左边的"开始"按钮会弹出"开始"菜单

10. 下列对 Windows 窗口的描述中，错误的是（　　　）。

　　A．可以对窗口进行"最小化""最大化"操作

　　B．可以同时打开多个窗口，但只有一个活动窗口

　　C．可以通过鼠标或键盘进行窗口的切换

　　D．可以改变窗口大小，但不能移动

11. 以下关于对话框的叙述中，错误的是（　　　）。

　　A．对话框是一种特殊的窗口

　　B．对话框中可能出现单选按钮和复选框

　　C．对话框可以移动，不能改变大小

　　D．对话框不能关闭

12. 下列不属于 Windows 7 窗口排列方式的是（　　　）。

　　A．层叠窗口　　　　B．堆叠显示窗口　　　C．并排显示窗口　　　D．纵向平铺窗口

13. 在 Windows 7 中，窗口最大化后不能进行的操作是（　　　）。

　　A．恢复　　　　　　B．最小化　　　　　　C．移动　　　　　　　D．关闭

14. 在 Windows 7 中，如果想同时改变窗口的高度和宽度，可以通过按住鼠标左键拖放窗口的位置是（　　　）。

　　A．菜单栏　　　　　B．窗口边框　　　　　C．滚动条　　　　　　D．窗口角

15. 能快速关闭 Window7 应用程序窗口的操作是（　　　）。

　　A．按【Alt+F4】组合键　　　　　　　　B．按【Shift+F4】组合键

　　C．按【Esc+F4】组合键　　　　　　　　D．按【Ctrl+F4】组合键

16. 在 Windows 7 中，要改变某窗口中文件或文件夹的显示方式，应选用（　　　）。

　　A．"文件"菜单　　　　　　　　　　　　B．"编辑"菜单

　　C．"查看"菜单　　　　　　　　　　　　D．"工具"菜单

17. 在 Windows 7 中不能完成窗口切换的方法是（　　　）。

　　A．按【Ctrl+Tab】组合键

　　B．按【Win+Tab】组合键

　　C．单击要切换窗口的任何可见部位

　　D．单击任务栏上要切换的应用程序按钮

18. 下列说法错误的是（　　　）。

　　A．菜单项后带…，表示该菜单项被执行时会弹出子菜单

　　B．暗淡菜单项，表示该菜单项当前不可用

　　C．菜单项前有实心原点时，表示一组单选项中当前被选中

　　D．菜单项前有对钩时，表示该菜单项当前已经被选中有效

19. 在 Windows 7 中，默认的切换中英文输入的方法是（　　　）。

    A. 按【Ctrl+空格】组合键　　　　　　B. 按【Ctrl+Shift】组合键

    C. 按【Shift+Alt+Ctrl】组合键　　　　D. 按【Alt+空格】组合键

20. Windows 7 的文件夹下（　　　）。

    A. 只能存放文件　　　　　　　　　　B. 可以存放文件或文件夹

    C. 只能存放文件夹　　　　　　　　　D. 不能存放任何东西

21. 选择（　　　）显示方式，使文件和文件夹在文件列表窗格中显示名称、修改日期、类型、大小等信息。

    A. 列表　　　　　　B. 详细信息　　　　　C. 平铺　　　　　D. 内容

22. 在 Windows 7 窗口中，要一次选定多个连续排列的文件或文件夹，应用鼠标单击第一个要选择的对象，然后（　　　）。

    A. 按住【Shift】键，再单击最后一个对象

    B. 按住【Alt】键，再单击最后一个对象

    C. 按住【Ctrl】键，再单击最后一个对象

    D. 将鼠标移到最后一个对象上，再单击

23. Windows 7 中能更改文件名的操作是（　　　）。

    A. 双击文件名，然后选择"重命名"命令，输入新文件名后按【Enter】键

    B. 单击文件名，然后选择"重命名"命令，输入新文件名后按【Enter】键

    C. 双击文件名，然后选择"重命名"命令，输入新文件名后按【Enter】键

    D. 右击文件名，然后选择"重命名"命令，输入新文件名后按【Enter】键

24. 当对文件或文件夹重命名时，如等输入的新文件名与现有的文件名重名，则（　　　）。

    A. 仍能执行重命名命令，出现两个同名的文件

    B. 先删除现有文件再对文件重命名

    C. 提示无法重命名

    D. 由系统自动给文件名加上标识名

25. 下列关于文件和文件夹的说法中不正确的是（　　　）。

    A. 在同一个文件夹中可以存在 MYFILE.txt 和 myfil.txt 两个文件

    B. 在不同的文件夹中可以存在 MYFILE.txt 和 myfile.txt 两个文件

    C. 在同一个文件夹中可以存在 MYFILE.doc 和 myfile.txt 两个文件

    D. 在不同的文件夹中可以存在 myfile.txt 和 myfile.txt 两个文件

26. 利用 Windows 7 "搜索"功能查找文件时，下列说法正确的是（　　　）。

    A. 要求被查找的文件必须是文本文件

    B. 根据日期查找时，必须输入文件的最后修改日期

    C. 根据文件名查找时，至少需要输入文件名的一部分或通配符

    D. 被用户设置为隐藏的文件，只要符合查找条件，在任何情况下都将被查找出来

27. 在同一磁盘的两文件夹间移动选定的文件，除可用鼠标直接拖动实现外，还可用（　　　）的方法实现。

    A. 先复制后粘贴　　　　　　　　　　B. 先移动后粘贴

    C. 移动　　　　　　　　　　　　　　D. 先剪切后粘贴

28. 在进行文件移动操作时，剪切操作是（　　　）。
    A. 将选定的文件删除　　　　　　　　B. 将选定的文件复制
    C. 将选定的文件移到当前插入点处　　D. 将选定的文件移到剪贴板

29. 删除 Windows 7 桌面上某个应用程序的快捷图标，意味着（　　　）。
    A. 该应用程序连同其图标一起被删除
    B. 只删除了该应用程序，对应的图标被隐藏
    C. 只删除了图标，对应的应用程序被保留
    D. 该应用程序连同其图标一起被隐藏

30. 当已选中文件夹后，下列操作中不能删除该文件夹的是（　　　）。
    A. 在键盘上按【Delete】键
    B. 右击该文件夹，弹出快捷菜单，然后选择"删除"命令
    C. 在"文件"菜单中选择"删除"命令
    D. 用鼠标左键双击该文件夹

31. 在 Windows 7 中，要彻底删除一个文件，可行的方法之一是（　　　）。
    A. 选中该文件，右击，按住【Shift】键，选中"删除"命令，单击"是"按钮
    B. 选中该文件，单击，按住【Alt】键，选中"删除"命令，单击"是"按钮
    C. 选中该文件，右击，按住【Ctrl】键，选中"删除"命令，单击"是"按钮
    D. 选中该文件，单击，按住【Ctrl】键，选中"删除"命令，单击"是"按钮

32. 下列关于 Windows 7 回收站的叙述错误的是（　　　）。
    A. 回收站中的信息可以清除，也可以还原
    B. 回收站中的信息可以清除，但不可以还原
    C. 在进行某些删除时，被删除的文件可能不放入回收站
    D. 回收站中所有文件均可以还原

33. 下面关于回收站的说法正确的是（　　　）。
    A. 回收站可暂时存放被用户删除的文件
    B. 用户永久删除的文件存放在回收站中
    C. 回收站不占用磁盘空间
    D. 回收站中的文件如果被还原，则不一定回到它原来位置

34. 在 Windows 7 回收站中，存放的（　　　）。
    A. 只能是硬盘上被删除的文件或文件夹
    B. 只能是 U 盘上被删除的文件或文件夹
    C. 可以是硬盘或 U 盘上被删除的文件或文件夹
    D. 可以是 Internet 上电子邮件的附件

35. 在某个文档窗口中进行了多次剪切操作，剪贴板中的内容为（　　　）。
    A. 第一次剪切的内容
    B. 最后一次剪切的内容
    C. 所有剪切的内容
    D. 空

36. 下列关于剪贴板的叙述错误的是（　　　）。
    A. 剪切和复制操作都是将选取的信息送到剪贴板中
    B. 剪贴板中的信息关机后会自动消失
    C. 剪贴板不仅能存入文字，还能存放图片等
    D. 剪贴板中的信息可以自动保存成文件并长期保存

37. 下列删除程序的正确操作是（　　　）。
    A. 直接删除桌面上程序的快捷图标
    B. 找到程序的安装文件夹，直接将文件夹删除
    C. "控制面板"→"卸载程序"，选择相应的程序，单击"卸载"按钮
    D. "开始"菜单→"所有程序"列表，选择相应的程序，按【Delete】键即可

38. 下列说法中不正确的是（　　　）。
    A. 应该定期进行整理磁盘碎片和磁盘清理操作
    B. 整理磁盘碎片就是将磁盘上不需要的文件删除
    C. 磁盘清理是将磁盘上不需要的文件删除，以释放磁盘空间
    D. 磁盘碎片是文件没有存储在连续的磁盘空间

39. Windows 7 中，关于防火墙的叙述不正确的是（　　　）。
    A. Windows 7 自带的防火墙具有双向管理的功能
    B. 默认情况下允许所有入站点连接
    C. 不可以与第三方防火墙软件同时运行
    D. Windows 7 通过高级防火墙管理界面管理出站规则

40. 下列不属于字处理软件的是（　　　）。
    A. 记事本　　　　B. 写字板　　　　C. Word　　　　D. 画图

二、填空题

1. 在全屏幕方式的 DOS 状态下，如果需要返回到 Windows 7，执行_____命令。

2. Windows 7 启动后，系统进入全屏幕区域，整个屏幕区域称为_____。

3. 在 Windows 7 的桌面上有一个文件夹显示为灰色，则该文件夹的属性为_____。

4. 在系统默认的情况下，用于输入法转换的快捷键是_____。

5. 在 Window 7 的窗口中同时选中多个不连续文件，应先用鼠标单击第一个要选的文件，按住_____键不放，再依次单击其他要选定的文件。

6. 扩展名为 .txt 的文件的类型是_____，可执行文件的扩展名为_____，文件名为 "A.B.C.txt.docx" 的扩展名是_____。

7. 全选的快捷键是_____，复制文件的快捷键是_____，剪切文件的快捷键是_____，粘贴快捷键是_____。

8. Windows 7 的 "回收站" 是_____中的一块区域，"剪贴板" 是_____中的一块区域。

9. 按_____键将屏幕信息复制到剪贴板，按_____组合键将活动窗口信息复制到剪贴板。

10. Windows 7 操作系统采用了_____状的文件夹结构。

三、判断题

（　　）1. 要安装 Windows 7 操作系统，系统磁盘分区必须为 NTFS 格式。

（　　）2. 在输入中文汉字时，使用的字母键可大写也可小写。

（　　）3. 当一个应用程序窗口被最小化后，该应用程序并没有被关闭，只是转入后台运行。

（　　）4. 在计算机中，文件是存储在磁盘上的一组相关信息的集合。

（　　）5. 在 Windows 7 中，通常文件名是由主文件名和扩展文件名组成。

（　　）6. 在同一磁盘中复制文件或文件夹可以用鼠标按住左键直接拖动完成。

（　　）7. 回收站中的文件或文件夹被还原后，将还原到原先删除的位置。

（　　）8. 在 Windows 7 中，为保护文件不被修改，可将它的属性设置为隐藏。

（　　）9. "控制面板"是计算机软硬件资源管理的中心。

（　　）10. "记事本"程序中可以在文本中插入图片，"画图"程序中无法在图片上添加文字。

习题 **3**

Word 2013 习题

一、单选题

1．Word 2013 具有的功能是（　　　　）。

    A．表格处理　　　　　　　　　　　　B．绘制图形

    C．自动更正　　　　　　　　　　　　D．以上三项都是

2．通常情况下，下列选项中不能用于启动 Word 2013 的操作是（　　　　）。

    A．双击 Windows 桌面上的 Word 2013 快捷方式图标

    B．单击"开始"→"所有程序"→"Microsoft Office 2013"→"Word 2013"命令

    C．在计算机中双击 Word 2013 文档图标

    D．单击 Windows 桌面上的 Word 2013 快捷方式图标

3．Word 2013 的"文件"选项卡下的"最近所用文件"选项所对应的文件是（　　　　）。

    A．当前被操作的文件　　　　　　　　B．当前已经打开的 Word 文件

    C．最近被操作过的 Word 文件　　　　D．扩展名是.docx 的所有文件

4．在 Word 2013 中打开一个文档并对其做了修改，进行"关闭"文档操作后（　　　　）。

    A．文档将被关闭，但修改后的内容不能保存

    B．文档不能被关闭，并提示出错

    C．文档将被关闭，并自动保存修改后的内容

    D．将弹出对话框，并询问是否保存对文档的修改

5．在 Word 2013 的编辑状态下，"开始"选项卡下"剪贴板"组中"剪切"和"复制"按钮呈浅灰色而不能使用，说明（　　　　）。

    A．剪切板上已经有信息存放了　　　　B．在文档中没有选中任何内容

    C．选定的内容是图片　　　　　　　　D．选定的文档太长，剪贴板存放不下

6．在 Word 2013 的编辑状态下，文档窗口显示出水平标尺，拖动水平标尺上沿的"首行缩进"滑块，则（　　　　）。

    A．文档中各段落的首行起始位置都重新确定

    B．文档中被选择的各段落首行起始位置都重新确定

    C．文档中各行的起始位置重新确定

    D．插入点所在行的起始位置被重新确定

7．在 Word 2013 中，按（　　　　）键可切换"插入和改写"状态。

    A．【Esc】　　　　　B．【Insert】　　　　　C．【Enter】　　　　　D．【Shift】

8. 在 Word 2013 中编辑文档时，为了使文档更清晰，可以对页眉页脚进行编辑，如输入日期、页码、文字等，但要注意的是页眉页脚只允许在（　　　）中使用。

A. 大纲视图　　　　　　B. 草稿视图　　　　C. 页面视图　　　　　　D. 以上都不对

9. 在 Word 2013 中，各级标题层次分明的是（　　　）。

A. 草稿视图　　　　　　B. Web 版式视图　　C. 页面视图　　　　　　D. 大纲视图

10. 在 Word 2013 中"打开"文档的作用是（　　　）。

A. 将指定的文档从外存中读入，并显示出来

B. 将指定的文档从内存中读入，并显示出来

C. 为指定的文档打开一个空白窗口

D. 显示并打印指定文档的内容

11. 当前活动窗口是文档 d1.docx 的窗口，单击该窗口的"最小化"按钮后（　　　）。

A. 不显示 d1.docx 文档的内容，但 d1.docx 文档并未关闭

B. 该窗口和 d1.docx 文档都被关闭

C. d1.docx 文档未关闭，且继续显示其内容

D. 关闭了 d1.docx 文档，但该窗口并未关闭

12. 在 Word 2013 的编辑状态，打开文档 ABC.docx，修改后另存为 ABD.docx，则文档 ABC.docx（　　　）。

A. 被文档 ABD 覆盖　　　　　　　　　B. 被修改未关闭

C. 未修改被关闭　　　　　　　　　　　D. 被修改并关闭

13. 在 Word 2013 编辑状态下，当前输入的文字显示在（　　　）。

A. 鼠标光标处　　　　　　　　　　　　B. 插入点处

C. 文件尾部　　　　　　　　　　　　　D. 当前行的尾部

14. 在 Word 2013 的编辑状态下，有时会在某些英文文字下方出现红色波浪线，这表示（　　　）。

A. 语法错误　　　　　　　　　　　　　B. 该文字本身自带下画线

C. Word 字典中没有该单词　　　　　　D. 该处有附注

15. 在 Word 2013 编辑状态中，使插入点快速移动到文档尾的操作是（　　　）。

A. 按【Home】键　　　　　　　　　　B. 按【Ctrl+End】组合键

C. 按【Alt+End】组合键　　　　　　　D. 按【Ctrl+Home】组合键

16. 在 Word 2013 窗口中，如果双击某行文字左端的空白区域（此时鼠标指针将变为空心箭头状），可选择（　　　）。

A. 一行　　　　　　B. 多行　　　　　　C. 一段　　　　　　D. 一页

17. 不选择文本，设置 Word 2013 字体，则（　　　）。

A. 不对任何文本起作用　　　　　　　　B. 对全部文本起作用

C. 对当前文本起作用　　　　　　　　　D. 对插入点后新输入的文本起作用

18. 在 Word 2013 中，欲选定文本中不连续的两个文字区域，应在拖动（拖动）鼠标前，按住（　　　）键不放。

A.【Ctrl】　　　　　B.【Alt】　　　　　C.【Shift】　　　　　D.【空格】

19. 在 Word 2013 中，欲删除刚输入的汉字"李"，错误的操作是（   ）。
   A．选择"快速访问工具栏"中的"撤销"命令
   B．按【Ctrl+Z】组合键
   C．按【BackSpace】键
   D．按【Delete】键

20. 在 Word 2013，如果无意中误删除了某段文字内容，则可以使用"快速访问工具栏"上的（   ）按钮返回到删除前的状态。
   A．　　　　　　B．　　　　　　C．　　　　　　D．

21. 在 Word 2013 的编辑状态下，单击"开始"选项卡下"剪贴板"分组中"粘贴"按钮后（   ）。
   A．被选择的内容移到插入点处　　　　B．被选择的内容移到剪贴板处
   C．剪贴板中的内容移到插入点处　　　D．剪贴板中的内容复制到插入点处

22. 要把相邻的两个段落合并为一段，应执行的操作是（   ）。
   A．将插入点定位于前段末尾，单击"撤销"工具按钮
   B．将插入点定位于前段末尾，按【Backspace】键
   C．将插入点定位于后段开头，按【Delete】键
   D．删除两个段落之间的段落标记

23. 在 Word 2013 中，下列叙述正确的是（   ）。
   A．不能够将"考核"替换为 kaohe，因为一个是中文，一个是英文字符串
   B．不能够将"考核"替换为"中级考核"，因为它们的字符长度不相等
   C．能够将"考核"替换为"中级考核"，因为替换长度不必相等
   D．不可以将含空格的字符串替换为无空格的字符串

24. 在 Word 2013 中进行查找，下列叙述错误的是（   ）。
   A．查找的时候，可以选择"区分大小写"
   B．若"全字匹配"关闭，查找模版"Window"将匹配"Window"、"Window XP"
   C．不能查找特定的格式
   D．可以在整个文档中进行查找

25. 在 Word 2013 编辑状态中，若要进行字体效果设置（如上标 X^2），则首先单击"开始"选项卡，在（   ）组中即可找到相应的设置按钮。
   A．剪贴板　　　　B．字体　　　　C．段落　　　　D．编辑

26. 在 Word 2013 的编辑状态下，要将当前编辑文档的标题设置为居中格式，应先将插入点移到该标题上，再单击"格式"工具栏的（   ）按钮。
   A．　　　　　　B．　　　　　　C．　　　　　　D．

27. 在 Word 2013 编辑状态中，如果要插入符号（例如℃或☆），则首先要单击（   ）选项卡。
   A．开始　　　　B．插入　　　　C．页面布局　　　　D．视图

28. 下列关于 Word 2013 中字号的说法，错误的是（   ）。
   A．字号是用来表示文字大小的　　　　B．默认字号是"五号"字
   C．"24 磅"字比"20 磅"字大　　　　D．"六号"字比"五号"字大

29. 在 Word 2013 中，"段落"格式设置中不包括设置（   ）。

    A．首行缩进   B．对齐方式   C．段间距   D．字符间距

30. 在 Word 2013 中，不缩进段落的第一行，而缩进其余行，是指（   ）。

    A．首行缩进   B．左缩进   C．悬挂缩进   D．右缩进

31. 在 Word 2013 编辑状态中，如果要给段落分栏，在选定要分栏的段落后，首先要单击（   ）选项卡。

    A．开始   B．插入   C．页面布局   D．视图

32. 在 Word 2013 中，下述关于分栏操作的说法，正确的是（   ）。

    A．栏与栏之间不可以设置分隔线

    B．任何视图下均可看到分栏效果

    C．设置的各栏宽度和间距与页面宽度无关

    D．可以将指定的段落分成指定宽度的两栏

33. 在 Word 2013 中，选择某段文本，双击格式刷进行格式应用时，格式刷可以使用的次数是（   ）。

    A．1   B．2   C．有限次   D．无限次

34. 在 Word 2013 编辑状态下，要将另一文档的内容全部添加在当前文档的当前光标处，应选择的操作是依次单击（   ）。

    A．"文件"选项卡和"打开"按钮

    B．"文件"选项卡和"新建"按钮

    C．"插入"选项卡和"对象"按钮

    D．"文件"选项卡和"超链接"按钮

35. 在 Word 2013 编辑状态下，页眉和页脚的建立方法相似，都要使用"页眉"或"页脚"命令进行设置，均应首先打开（   ）。

    A．"插入"选项卡   B．"视图"选项卡

    C．"文件"选项卡   D．"开始"选项卡

36. 在 Word 2013 中，下面关于页眉和页脚的叙述错误的是（   ）。

    A．在页眉和页脚中可以插入图片

    B．在编辑"页眉与页脚"时可同时插入时间和日期

    C．在页眉和页脚中可以设置页码

    D．页眉页脚中的文字只能居中显示

37. 如果文档很长，用户可以通过 Word 2013 提供的（   ）技术，同时在两个窗口中滚动查看同一文档的不同部分。

    A．拆分窗口   B．滚动条   C．排列窗口   D．帮助

38. 在 Word 2013 中，如果使用了项目符号或编号，则项目符号或编号在（   ）时会自动出现。

    A．每次按【Enter】键   B．一行文字输入完毕并按【Enter】键

    C．按【Tab】键   D．文字输入超过右边界

39. 若要设置打印纸张大小，在 Word 2013 中可在（   ）进行。

    A．"开始"选项卡中的"段落"对话框中

B. "开始"选项卡中的"字体"对话框中

C. "页面布局"选项卡下的"页面设置"对话框中

D. 以上说法都不正确

40. 在 Word 2013 中，要打印一篇文档的第 1、3、5、6、7 和 20 页，需在打印对话框的页码范围文本框中输入（　　）。

A. 1-3,5-7,20　　B. 1-3,5,6,7-20　　C. 1,3-20　　D. 1,3,5-7,20

41. 在 Word 2013 中，单击"插入"选项卡下的"表格"按钮，然后选择"插入表格"命令，则（　　）。

A. 只能选择行数　　　　　　　　B. 只能选择列数

C. 可以选择行数和列数　　　　　D. 只能使用表格设置的默认值

42. 在 Word 2013 编辑状态下，若光标位于表格外右侧的行尾处，按【Enter】键结果为（　　）。

A. 光标移到下一行，表格行数不变　　B. 光标移到下一行

C. 在本单元格内换行，表格行数不变　　D. 插入一行，表格行数改变

43. 可以在 Word 2013 表格中填入的信息（　　）。

A. 只限于文字形式　　　　　　　B. 只限于数字形式

C. 可以是文字、数字和图形对象等　　D. 只限于文字和数字形式

44. 在 Word 2013 的编辑状态下，当前文档中有一个表格，选定表格按【Delete】键后，（　　）。

A. 表格中插入点所在的行被删除

B. 表格被删除，但表格中的内容未被删除

C. 表格和内容全部被删除

D. 表格中的内容全部被删除，但表格还在

45. 在 Word 2013 中，表格和文本是可以互相转换的，有关它的操作不正确的是（　　）。

A. 文本能转换成表格　　　　　　B. 表格能转换成文本

C. 文本与表格可以相互转换　　　D. 文本与表格不能相互转换

46. 对 Word 2013 的表格功能说法正确的是（　　）。

A. 表格一旦建立，行、列不能随意增、删

B. 对表格中的数据不能进行运算

C. 表格单元中不能插入图形文件

D. 可以拆分单元格

47. 在 Word 2013 中，当文档中插入图片对象后，可以通过设置图片的文字环绕方式进行图文混排，下列（　　）方式不是 Word 提供的文字环绕方式。

A. 四周型　　　　B. 衬于文字下方　　C. 嵌入型　　　D. 左右型

48. 在 Word 2013 文档中插入图片后，可以对图片进行的操作是（　　）。

A. 删除　　　　　B. 剪切　　　　　C. 缩放　　　　D. 以上均可

49. 在 Word 2013 中，下列关于多个图形对象的说法中正确的是（　　）。

A. 可以进行"组合"图形对象的操作，也可以进行"取消组合"操作

B. 既不可以进行"组合"图形对象操作，也不可以进行"取消组合"操作

C．可以进行"组合"图形对象操作，但不可以进行"取消组合"操作

D．以上说法都不正确。

50．在 Word 2013 环境下，关于打印预览叙述不正确的是（　　　）。

A．在打印预览中可以清楚地观察到打印的效果

B．可以在打印预览视图中直接编辑文本

C．不可在预览窗口中编辑文本，只能回到编辑状态下才可以编辑

D．预览时可以进行单页显示或多页显示

二、填空题

1．Word 2013 文档的默认扩展名为＿＿＿＿＿＿。

2．在 Word 2013 中编辑文本时，如果输错了字，按＿＿＿＿＿键删除光标前的一个字符，按＿＿＿＿＿键删除光标后的一个字符。

3．在 Word 2013 中，将整篇文档的内容全部选中，可以使用的快捷键是＿＿＿＿＿。

4．Word 2013 文档中默认的字体是＿＿＿＿＿，默认的字号是＿＿＿＿＿。

5．在设置字体格式时，B I U 分别表示＿＿＿＿＿、＿＿＿＿＿和＿＿＿＿＿。

6．在 Word 2013 中，当用户输入若干文本后，按＿＿＿＿＿键 Word 将在此处放一个称为段落标记的符号↵，该符号标志一个段落的结束。

7．在 Word 2013 环境下，选取多个图形时，首先按住＿＿＿＿＿键，然后依次单击需要选取的图形。

8．在 Word 2013 中如果要使用椭圆工具画正圆，使用矩形工具画正方形，需要同时按住＿＿＿＿＿键。

9．在 Word 2013 环境下，可以通过选择＿＿＿＿＿选项卡"校对"分组中的"字符统计"按钮来统计全文的字符数。

10．在 Word 2013 中，可以把预先定义好的多种格式的集合全部应用在选定的文字上的特殊文档称为＿＿＿＿＿。

三、判断题

（　　）1．在 Word 2013 中，既可以对选定的文字、段落和表格设置边框，也可对页面设置边框。

（　　）2．Word 2013 提供了保护文档的功能，用户可以为文档设置保护密码。

（　　）3．在 Word 2013 的文档查找中不能使用通配符。

（　　）4．在 Word 2013 环境下，改变"间距"时只能改变段与段和行与行之间的间距，不能改变字与字之间的间距。

（　　）5．在 Word 2013 环境下，用户不能删除制表位，只可改变它们之间的距离。

（　　）6．在 Word 2013 中插入域可以自动更新。

（　　）7．Word 2013 的打印过程一旦开始，中途无法停止打印。

（　　）8．在 Word 2013 的默认环境下，编辑的文档每隔 10 分钟就会自动保存一次。

（　　）9．在 Word 2013 的默认环境下，可以通过插入分节符将文档分为多节，每节可以单独设置页眉。

（　　）10．文档插入页码后，在对文档做增减修改时，系统不会对页码进行自动调整。

習題 **4**

Excel 2013 习题

一、单选题

1. Excel 2013 是 (　　)。
   A. 数据库管理软件　　　　　　　　B. 文字处理软件
   C. 电子表格软件　　　　　　　　　D. 幻灯片制作软件

2. Excel 2013 的工作窗口有些地方与 Word 2013 工作窗口是不同的，例如 Excel 2013 有一个编辑栏（又称公式栏），编辑栏上的 fx 按钮用来向单元格插入 (　　)。
   A. 文字　　　　　B. 数字　　　　　C. 公式　　　　　D. 函数

3. 在 Excel 2013 的工作表中，最小的操作单元是 (　　)。
   A. 一列　　　　　B. 一行　　　　　C. 一张表　　　　　D. 单元格

4. 在 Excel 2013 中，若一个单元格的地址为 F5，则其右边紧邻的下一个单元格的地址为 (　　)。
   A. G6　　　　　B. G5　　　　　C. E5　　　　　D. F6

5. 在 Excel 2013 中，若要选择一个工作表的所有单元格，应单击 (　　)。
   A. 表标签　　　　　　　　　　　　B. 左下角单元格
   C. 列标行与行号列相交的单元格　　D. 右上角单元格

6. 在 Excel 2013 中，日期和时间属于 (　　)。
   A. 数字类型　　　B. 文本类型　　　C. 逻辑类型　　　D. 错误值

7. 在 Excel 2013 工作表的单元格中，如想输入数字字符串 001，则应输入 (　　)。
   A. ,001　　　　　B. "001"　　　　　C. 001　　　　　D. '001

8. 若想在一个单元格中输入多行数据，可通过按 (　　) 组合键在单元格内进行换行。
   A.【Ctrl+Enter】组合键　　　　　B.【Alt+Enter】组合键
   C.【Shift+Enter】组合键　　　　　D.【Enter】键

9. Excel 工作表中可以进行智能填充时，鼠标的形状为 (　　)。
   A. 空心粗十字　　B. 向左上方箭头　　C. 实心细十字　　D. 向右上方箭头

10. 若在 Excel 2013 某工作表的 F1、G1 单元格中分别填入了 3.5 和 4，并将这 2 个单元格选定，然后向右拖动填充柄，在 H1 和 I1 中分别填入的数据是 (　　)。
    A. 3.5、4　　　　B. 4、4.5　　　　C. 5、5.5　　　　D. 4.5、5

11. 若在 Excel 2013 的一个工作表的 D3 和 E3 单元格中输入了八月和九月，则选择并向后拖动填充柄经过 F3 和 G3 后松开，F3 和 G3 中显示的内容为 (　　)。
    A. 十月、十月　　B. 十月、十一月　　C. 八月、九月　　D. 九月、九月

12. 在 Excel 2013 中，若需要选择多个不连续的单元格区域，除选择第一个区域外，以后每选择一个区域都要同时按住（   ）。

    A.【Ctrl】键   B.【Shift】键   C.【Alt】键   D.【Esc】键

13. 在 Excel 2013 工作表中，按【Delete】键将清除被选区域中所有单元格的（   ）。

    A. 格式   B. 内容   C. 批注   D. 所有信息

14. 在 Excel 2013 中，工作表的每个单元格的默认格式为（   ）。

    A. 数字   B. 常规   C. 日期   D. 文本

15. 在 Excel 2013 工作表中，将表格标题居中显示的方法是（   ）。

    A. 在标题行任一单元格中输入表格标题，然后单击"合并及居中"按钮

    B. 在标题行任一单元格中输入表格标题，然后单击"居中"按钮

    C. 在标题行处于表格宽度居中位置的单元格中输入表格标题

    D. 在标题行处于表格宽度范围内的任一单元格中输入表格标题，选定标题行处于表格宽度范围内的所有单元格，然后单击"合并及居中"按钮

16. 在 Excel 2013 的工作表中，行和列（   ）。

    A. 都可以被隐藏   B. 都不可以被隐藏

    C. 只能隐藏行不能隐藏列   D. 只能隐藏列不能隐藏行

17. 在 Excel 2013 中，能够进行条件格式设置的区域（   ）。

    A. 只能是一个单元格   B. 只能是一行

    C. 只能是一列   D. 可以是任何选定的区域

18. 在 Excel 2013 中，右击一个工作表的标签不能够进行（   ）。

    A. 插入一个工作表   B. 删除一个工作表

    C. 重命名一个工作表   D. 打印一个工作表

19. 在 Excel 2013 工作簿中，有关移动和复制工作表的说法正确的是（   ）。

    A. 工作表可以移动到其他工作簿内，也可以复制到其他工作簿内

    B. 工作表只能在所在工作簿内移动不能复制

    C. 工作表可以移动到其他工作簿内，不能复制到其他工作簿内

    D. 工作表只能在所在工作簿内复制不能移动

20. 工作表被保护后，该工作表中的单元格（   ）。

    A. 可任意修改   B. 不可修改和删除

    C. 可被复制和填充   D. 可以移动

21. 在 Excel 2013 中，若要表示 Sheet1 上的 B2 到 G6 的整个单元格区域，则应书写为（   ）。

    A. sheet1#B2:G6   B. sheet1$B2:G6   C. sheet1!B2:G6   D. sheet1:B2:G6

22. 在 Excel 2013 中，在向一个单元格输入公式或函数时，则使用的前导字符必须是（   ）。

    A. =   B. 、   C. <   D. %

23. Excel 2013 中，各运算符号的优先级由高到低的顺序为（   ）。

    A. 数学运算符、比较运算符、字符串运算符

    B. 数学运算符、字符串运算符、比较运算符

C．比较运算符、字符串运算符、数学运算符

D．字符串运算符、数学运算符、比较运算符

24．在 Excel 2013 中，假定一个单元格所存入的公式为"=13*2+7"，则当该单元格处于非编辑状态时显示的内容为（   ）。

A．13*2+7　　　　　B．=13*2+7　　　　　C．33　　　　　D．=33

25．在 Excel 2013 中，公式"=2*3>10/2"的计算结果是（   ）。

A．F　　　　　B．T　　　　　C．FALSE　　　　　D．TRUE

26．当在某单元格内输入一个公式并确认后，单元格内容显示为####，它表示（   ）。

A．公式引用了无效的单元格　　　　　B．某个参数不正确

C．公式被零除　　　　　D．单元格宽度不够

27．在 Excel 2013 公式中出现除数为零操作时，将出现错误提示信息（   ）。

A．#NUM!　　　　　B．#DIV/0!　　　　　C．#NAME　　　　　D．#VALUE!

28．在 Excel 2013 中，假定 B2 单元格的内容为数值 15，B3 单元格的内容为 10，则公式"=$B$2+B3*2"的值为（   ）。

A．25　　　　　B．40　　　　　C．35　　　　　D．5

29．关于 Excel 2013 中的函数，以下说法错误的是（   ）。

A．函数是由 Excel 预先定义好的特殊公式

B．函数通过参数来接收要计算的数据并返回计算结果

C．Excel 中所有的函数都需要添加参数

D．输入函数时需要根据该函数的参数等要求进行输入

30．在 Excel 2013 的单元格中，输入函数=SUM(10,25,13)，得到的值为（   ）。

A．25　　　　　B．48　　　　　C．10　　　　　D．28

31．在 Excel 中，如果单元格 A5 的值是单元格 A1、A2、A3、A4 的平均值，则不正确的输入公式为（   ）。

A．=AVERAGE(A1:A4)　　　　　B．=AVERAGE(A1,A2,A3,A4)

C．=(A1+A2+A3+A4)/4　　　　　D．=AVERAGE(A1+A2+A3+A4)

32．在 Excel 2013 的工作表中，假定 C3:C6 区域内保存的数值依次为 10、15、20 和 45，则函数=MAX(C3:C6)的值为（   ）。

A．10　　　　　B．22.5　　　　　C．45　　　　　D．90

33．在 Excel 2013 的工作表中，假定 C3:C8 区域内的每个单元格中都保存着一个数值，则函数=COUNT(C3:C8)的值为（   ）。

A．4　　　　　B．5　　　　　C．6　　　　　D．8

34．在 Excel 2013 中，将百分制成绩转换成合格和不合格，应当使用（   ）函数。

A．SUM　　　　　B．AVERAGE　　　　　C．COUNT　　　　　D．IF

35．在 Excel 2013 中，假定 B2 单元格的内容为数值 15，则公式=IF(B2>20,"好",IF(B2>10,"中","差"))的值为（   ）。

A．好　　　　　B．良　　　　　C．中　　　　　D．差

36．假定单元格 E3 中保存的公式为"=A3+$B3+C$3+$D$3"，若把它复制到 E4 中，则 E4 中保存的公式为（   ）。

A．=A4+$B3+C$4+$D$3 B．=A4+$B4+C$3+$D$3

C．=A4+$B4+C$4+$D$3 D．=A4+$B4+C$3+$D$4

37. 如下所示的表格区域，如果要计算各数在总数中所占的比例，可在 A2 单元格中输入（   ）之后再复制到区域 B2:D2 中。

	A	B	C	D
1	20.6	17.4	8.8	13.2
2				

A．=A1/SUM($A$1:D1) B．=A1/SUM(A1:$D$1)

C．=A1/SUM($A$1:$D$1) D．=A1/SUM(A1:D1)

38. 当工作表较大时，需要移动工作表的滚动条以查看屏幕以外的部分，但有些数据（如行标题和列标题）不希望随着滚动条的移动而消失的，需要把它们固定下来，这需要通过（   ）来实现。

A．工作表窗口的拆分 B．工作表窗口的冻结

C．数据列表 D．把需要的数据复制下来

39. 在 Excel 2013 中显示学生成绩时，对不及格的成绩以醒目的方式（如用红色表示等）显示，当要处理大量的学生成绩时，利用（   ）操作最为方便。

A．查找 B．条件格式 C．数据筛选 D．定位

40. 在一工作表中筛选出某项的正确操作方法是（   ）。

A．单击数据表外的任一单元格，单击"数据"选项卡→"筛选"分组→"自动筛选"按钮，单击想查找列的下拉按钮，从下拉列表中选择筛选项

B．单击数据表中的任一单元格，单击"数据"选项卡→"筛选"分组→"自动筛选"按钮，单击想查找列的下拉按钮，从下拉列表中选择筛选项

C．执行"编辑"→"查找"命令，在"查找"对话框的"查找内容"框输入要查找的项，单击"关闭"按钮

D．执行"编辑"→"查找"命令，在"查找"对话框的"查找内容"框输入要查找的项，单击"查找下一个"按钮

41. 在 Excel 的自动筛选中，先用筛选条件"英语>75"对英语成绩列的数据进行筛选后，又筛选总分列，筛选条件"总分>=240"，那么在筛选结果中是（   ）。

A．英语>75 且总分>=240 的记录 B．英语>75 或总分>=240 的记录

C．英语>75 的记录 D．总分>=240 的记录

42. 下列关于排序操作的叙述中正确的是（   ）。

A．排序时只能对数值型字段进行排序，对于文本型字段不能进行排序

B．排序时可以选择按字段值升序或按字段值降序进行

C．用于排序的字段称为"关键字"，在 Excel 2013 中只能有一个关键字段

D．一旦排序后就不能恢复原来的记录排列

43. 在 Excel 2013 的高级筛选中，条件区域中同行的条件是（   ）。

A．或关系 B．与关系

C．非关系 D．异或关系

44. 在 Excel 2013 中，进行分类汇总前，首先必须对数据表中的某个列标题（即属性名，又称字段名）进行（　　　）。

    A. 自动筛选　　　　B. 高级筛选　　　　C. 排序　　　　D. 查找

45. 在 Excel 2013 中，假定存在一张职工简表，要对职工工资按职称进行分类汇总，则在分类汇总前必须进行数据排序，所选择的关键字为（　　　）。

    A. 性别　　　　B. 职工号　　　　C. 工资　　　　D. 职称

46. 在 Excel 2013 中建立图表时，有很多图表类型可供选择，能够很好地表现一段时期内数据变化趋势的图表类型是（　　　）。

    A. 柱形图　　　　B. 折线图　　　　C. 饼图　　　　D. XY 散点图

47. 在 Excel 2013 中，当数据源发生变化时，相应的图表（　　　）。

    A. 手动跟随变化　　　　　　　　B. 自动跟随变化

    C. 不跟随变化　　　　　　　　　D. 不受任何影响

48. 在 Excel 2013 的"图表工具"下的"布局"选项卡中，不能设置或修改（　　　）。

    A. 图表标题　　　B. 坐标轴标题　　　C. 图例　　　D. 图表位置

49. 在 Excel 2013 中，所建立的图表（　　　）。

    A. 只能插入到数据源工作表中

    B. 只能插入到一个新的工作表中

    C. 可以插入到数据源工作表，也可以插入到新工作表中

    D. 既不能插入到数据源工作表，也不能插入到新工作表中

50. 在 Excel 2013 的页面设置中，下列叙述错误的是（　　　）。

    A. 可以设置纸张大小、打印方向和页边距

    B. 可以设置页眉/页脚

    C. 可以设置打印区域

    D. 可以设置每页字数

二、填空题

1. Excel 2013 工作簿文件的默认扩展名为＿＿＿＿＿＿＿。

2. 在 Excel 2013 工作表中，每个单元格都有唯一的编号叫地址，地址的使用方法是＿＿＿＿＿＿＿。

3. 在 Excel 2013 中，文本数据在单元格内自动＿＿＿＿＿＿＿对齐，数值数据在单元格内自动＿＿＿＿＿＿＿对齐。

4. 输入当前日期的快捷键是＿＿＿＿＿＿＿。

5. 在 Excel 2013 中，如需在多个不连续的单元格中输入相同的数据，可以先选中这些单元格，然后从键盘输入数据，按下【Ctrl】键后再按＿＿＿＿＿＿＿键即可。

6. 在 Excel 2013 中，对单元格的引用有＿＿＿＿＿＿＿，绝对引用和混合引用。如果对工作表第 D 列第 5 行的单元格使用地址 D5 引用，称为对单元格的＿＿＿＿＿＿＿，如果使用地址 $D$5 引用，称为对单元格的＿＿＿＿＿＿＿，如果使用地址 $D5 或 D$5 引用，称为对单元格的＿＿＿＿＿＿＿。

7. 在 Excel 2013 操作中，某公式中引用了一组单元格，它们是（C3:D7,A1:F1），该公式引用的单元格总数为_____。

8. 在输入数据的过程中，为了防止数据有误，可对数据的_____进行设置。

9. 在 Excel 2013 的高级筛选中，条件区域中不同行的条件是_____关系。

10. 在 Excel 2013 的图表中，水平 X 轴通常作为_____。

三、判断题

（　　　）1. 在 Excel 2013 中输入分数时，应先输入 0 和空格。

（　　　）2. 在 Excel 2013 中，单元格中的字符串超过该单元格的显示宽度时，该字符串可能占用其右侧的单元格的显示空间而全部显示出来。

（　　　）3. 在 Excel 2013 中只能清除单元格中的内容，不能清除单元格中的格式和批注。

（　　　）4. Excel 工作表的数量可根据工作需要作适当增加或减少，并可以进行重命名和更改位置，但工作表删除之后将无法撤销与恢复。

（　　　）5. 在 Excel 2013 中只能插入和删除行、列，但不能插入和删除单元格。

（　　　）6. 在 Excel 2013 中，执行"粘贴"命令时，只能粘贴单元格的数据，不能粘贴格式，公式批注等其他信息。

（　　　）7. 在 Excel 2013 中，合并单元格只能合并横向的单元格区域。

（　　　）8. 在 Excel 2013 中，工作表默认的边框为淡虚线，打印时显示边框。

（　　　）9. 在 Excel 2013 中，使用筛选功能只显示符合设置条件的数据而隐藏其他数据。

（　　　）10. 在 Excel 2013 中，如果一个数据清单需要打印多页，且每页有相同的标题，则可以在"页面设置"对话框中对其进行设置。

习题 **5**

PowerPoint 2013 习题

一、单选题

1. PowerPoint 2013 演示文稿的基本组成单元是（ ）。
   A．图形　　　　　　　　　　　B．幻灯片
   C．超链接　　　　　　　　　　D．文本

2. PowerPoint 2013 中主要的编辑视图是（ ）。
   A．幻灯片浏览视图　B．普通视图　　C．幻灯片放映视图　　D．备注视图

3. 在 PowerPoint 2013 各种视图中，可以同时浏览多张幻灯片，便于重新排序、添加、删除等操作的视图是（ ）。
   A．幻灯片浏览视图　　　　　　B．备注页视图
   C．普通视图　　　　　　　　　D．幻灯片放映视图

4. 在 PowerPoint 2013 的普通视图下，若要插入一张新幻灯片，其操作为（ ）。
   A．单击"文件"选项卡→"新建"命令
   B．单击"开始"选项卡→"幻灯片"分组→"新建幻灯片"按钮
   C．单击"插入"选项卡→"幻灯片"分组→"新建幻灯片"按钮
   D．单击"设计"选项卡→"幻灯片"分组→"新建幻灯片"按钮

5. 在 PowerPoint 2013 中，在普通视图下删除幻灯片的操作是（ ）。
   A．在"幻灯片"选项卡中选定要删除的幻灯片，然后按【Delete】键
   B．在"幻灯片"选项卡中选定幻灯片，再单击"开始"选项卡→"删除"按钮
   C．单击"编辑"选项卡→"编辑"分组→"删除"按钮
   D．以上说法都不正确

6. PowerPoint 2013 中，要隐藏某张幻灯片，先选定要隐藏的幻灯片，然后（ ）。
   A．单击"开始"选项卡→"隐藏幻灯片"按钮
   B．单击"视图"选项卡→"隐藏幻灯片"按钮
   C．单击"幻灯片放映"选项卡→"设置"分组中的"隐藏幻灯片"按钮
   D．左键单击该幻灯片，选择"隐藏幻灯片"命令

7. 在 PowerPoint 2013 中，从头播放幻灯片文稿时，需要跳过第 5～9 张幻灯片接续播放，应设置（ ）。
   A．隐藏幻灯片　　　　　　　　B．设置幻灯片版式
   C．幻灯片切换方式　　　　　　D．删除第 5～9 张幻灯片

8. 在新增一张幻灯片操作中，可能的默认幻灯片版式是（　　　）。
   A. 标题幻灯片　　　　　　　　　　B. 标题和竖排文字
   C. 标题和内容　　　　　　　　　　D. 空白版式

9. 如果对一张幻灯片使用系统提供的版式，对其中各个对象的占位符（　　　）。
   A. 能用具体内容去替换，不可删除
   B. 能移动位置，但不能改变格式
   C. 可以删除不用，也可以在幻灯片中插入新的对象
   D. 可以删除不用，但不能在幻灯片中插入新的对象

10. 在 PowerPoint 2013 中，若要更换另一种幻灯片的版式，下列操作正确的是（　　　）。
    A. 单击"插入"选项卡→"幻灯片"分组→"版式"按钮
    B. 单击"开始"选项卡→"幻灯片"分组→"版式"按钮
    C. 单击"设计"选项卡→"幻灯片"分组→"版式"按钮
    D. 以上说法都不正确

11. 对于幻灯片中文本框内的文字，设置项目符号可以采用（　　　）。
    A. "格式"选项卡中的"编辑"按钮
    B. "开始"选项卡中的"项目符号"按钮
    C. "格式"选项卡中的"项目符号"按钮
    D. "插入"选项卡中的"符号"按钮

12. 在 PowerPoint 2013 中，一位同学要在当前幻灯片中输入"你好"字样，采用操作的第一步是（　　　）。
    A. 选择"开始"选项卡下的"文本框"按钮
    B. 选择"插入"选项卡下的"图片"按钮
    C. 选择"插入"选项卡下的"文本框"按钮
    D. 以上说法都不对

13. 在 PowerPoint 2013 中，当把一张幻灯片中的某文本行降级时（　　　）。
    A. 降低了该行的重要性　　　　　　B. 使该行缩进一个大纲层
    C. 使该行缩进一个幻灯片层　　　　D. 增加了该行的重要性

14. 在 PowerPoint 2013 中，下列说法正确的是（　　　）。
    A. 不可以在幻灯片中插入剪贴画和自定义图像
    B. 可以在幻灯片中插入声音和视频
    C. 不可以在幻灯片中插入艺术字
    D. 不可以在幻灯片中插入超链接

15. 在 PowerPoint 2013 中，选定了文字、图片等对象后，可以插入超链接，超链接中所链接的目标可以是（　　　）。
    A. 计算机硬盘中的可执行文件　　　B. 其他演示文稿
    C. 同一演示文稿的某一张幻灯片　　D. 以上都可以

16. 如果要从第 2 张幻灯片跳转到第 8 张幻灯片，应使用"插入"选项卡中的（　　　）。
    A. 自定义动画　　　　　　　　　　B. 预设动画
    C. 幻灯片切换　　　　　　　　　　D. 超链接或动作

17. 在幻灯片中插入声音元素，幻灯片播放时（　　　）。

  A．用鼠标单击声音图标，才能开始播放

  B．只能在有声音图标的幻灯片中播放，不能跨幻灯片连续播放

  C．只能连续播放声音，中途不能停止

  D．可以按需要灵活设置声音元素的播放

18. 要为所有幻灯片添加编号，下列方法中正确的是（　　　）。

  A．单击"插入"选项卡的"幻灯片编号"按钮即可

  B．在母版视图中，执行"插入"选项卡的"幻灯片编号"命令

  C．执行"视图"选项卡的"页眉和页脚"命令

  D．以上说法全错

19. 在 PowerPoint 2013 中，插入组织结构图的方法是（　　　）。

  A．插入自选图形

  B．插入来自文件的图形

  C．在"插入"选项卡中的 SmartArt 图形选项中选择"层次结构"图形

  D．以上说法都不对

20. 幻灯片母版设置可以起到的作用是（　　　）。

  A．设置幻灯片的放映方式

  B．定义幻灯片的打印页面设置

  C．设置幻灯片的片间切换

  D．统一设置整套幻灯片的标志图片或多媒体元素

21. 在 PowerPoint 2013 中，进入幻灯片母版的方法是（　　　）。

  A．单击"开始"选择卡→"母版视图"分组→"幻灯片母版"按钮

  B．单击"视图"选择卡→"母版视图"分组→"幻灯片母版"按钮

  C．按住【Shift】键同时，再单击"普通视图"按钮

  D．以上说法都不对

22. 在 PowerPoint 2013 编辑中，想要在每张幻灯片相同的位置插入某个学校的校标，最好的设置方法是在幻灯片的（　　　）中进行。

  A．普通视图　　　　B．浏览视图　　　　C．母版视图　　　　D．备注视图

23. 在 PowerPoint 2013 中，打开"设置背景格式"对话框的正确方法是（　　　）。

  A．右击幻灯片空白区域，在弹出的快捷菜单中选择"设置背景格式"命令

  B．单击"插入"选项卡→"背景"按钮

  C．单击"开始"选项卡→"背景"按钮

  D．以上都不正确

24. 在 PowerPoint 2013 中，下列有关幻灯片背景设置的说法，正确的是（　　　）。

  A．不可以为幻灯片设置不同的颜色、图案或者纹理的背景

  B．不可以使用图片、图案或纹理作为幻灯片背景

  C．不可以为单张幻灯片进行背景设置

  D．可以同时对当前演示文稿中的所有幻灯片设置背景

25. 在 PowerPoint 2013 中，若想设置幻灯片中"图片"对象的动画效果，在选中"图片"对象后，应选择（　　）。

　　A. "动画"选项卡下的"添加动画"按钮

　　B. "幻灯片放映"选项卡

　　C. "设计"选项卡下的"效果"按钮

　　D. "切换"选项卡下的"换片方式"

26. 在对 PowerPoint 2013 的幻灯片进行自定义动画操作时，可以改变（　　）。

　　A. 幻灯片间切换的速度　　　　　　　B. 幻灯片的背景

　　C. 幻灯片中某一对象的动画效果　　　D. 幻灯片设计模板

27. 在 PowerPoint 2013 中，下列说法中错误的是（　　）。

　　A. 可以动态显示文本和对象　　　　　B. 可以更改动画对象的出现顺序

　　C. 页脚中插入的日期不可以更新　　　D. 可以设置幻灯片间切换效果

28. 在 PowerPoint 2013 的幻灯片切换中，不可以设置幻灯片切换的是（　　）。

　　A. 换片方式　　　　B. 颜色　　　　C. 持续时间　　　　D. 声音

29. 在 PowerPoint 2013 中，若要把幻灯片的设计模板（即应用文档主题），设置为"行云流水"，应进行的一组操作是（　　）。

　　A. 单击"幻灯片放映"选项卡→"自定义动画"分组→"行云流水"按钮

　　B. 单击"动画"选项卡→"幻灯片设计"分组→"行云流水"按钮

　　C. 单击"插入"选项卡→"图片"分组→"行云流水"按钮

　　D. 单击"设计"选项卡→"主题"分组→"行云流水"按钮

30. 在 PowerPoint 2013 中，当要改变一个幻灯片的设计模板（即主题）时（　　）。

　　A. 只有当前幻灯片采用新主题

　　B. 所有幻灯片均采用新主题

　　C. 所有的剪贴画均丢失

　　D. 除已加入的空白幻灯片外，所有的幻灯片均采用新主题

31. PowerPoint 2013 提供的幻灯片模板（主题），主要是解决幻灯片的（　　）。

　　A. 文字格式　　　B. 文字颜色　　　C. 背景图案　　　D. 以上全是

32. 播放演示文稿时，以下说法正确的是（　　）。

　　A. 只能按顺序播放　　　　　　　　　B. 只能按幻灯片编号的顺序播放

　　C. 可以按任意顺序播放　　　　　　　D. 不能倒回去播放

33. 在 PowerPoint 2013 中，若只需放映全部幻灯片中其中的 4 张（如第 1、3、5、7 张），可以进行的操作是（　　），然后设置幻灯片放映方式（默认下是"全部"放映幻灯片的）。

　　A. 在"幻灯片放映"选项卡下，选择"设置幻灯片放映"按钮

　　B. 在"幻灯片放映"选项卡下，选择"自定义幻灯片放映"按钮

　　C. 在"设计"选项卡下，选择"自定义幻灯片放映"按钮

　　D. 以上说法都不正确

34. 在 PowerPoint 2013 中，幻灯片放映时使光标变成"激光笔"效果的操作是（　　）。

　　A. 按【Ctrl+F5】组合键

B．按【Shift+F5】组合键

C．执行"幻灯片放映"选项卡"自定义幻灯片放映"按钮

D．按住【Ctrl】键同时，按住鼠标的左键

35．在 PowerPoint 2013 中，若要使幻灯片按规定的时间，实现连续自动播放，应进行(　　)。

A．设置放映方式　　B．打包操作　　　　C．排练计时　　　　D．幻灯片切换

36．在演示文稿中插入超链接时，所链接的目标不能是（　　）。

A．另一个演示文稿　　　　　　　　B．同一演示文稿的某一张幻灯片

C．其他应用程序的文档　　　　　　D．幻灯片中的某一个对象

37．在 PowerPoint 2013 中，若要使幻灯片在播放时能每隔 3 s 自动转到下一页，应在"切换"选项卡下（　　）分组中进行设置。

A．预览　　　　　　　　　　　　　B．切换到此幻灯片

C．计时　　　　　　　　　　　　　D．以上说法都不对

38．在 PowerPoint 2013 中，下列有关幻灯片放映叙述错误的是（　　）。

A．可自动放映，也可人工放映

B．放映时可只放映部分幻灯片

C．可以将动画出现设置为"在上一动画之后"

D．无循环放映选项

39．下述关于插入图片、文字、自选图形等对象的操作描述，正确的是（　　）。

A．在幻灯片中插入的所有对象，均不能够组合

B．在幻灯片中插入的对象如果有重叠，可以通过"叠放次序"调整显示次序

C．在幻灯片备注页视图中无法绘制自选图形

D．若选择"标题幻灯片"版式，则不可以向其中插入图形或图片

40．如果将演示文稿放在另外一台没有安装 PowerPoint 软件的计算机上播放，需要进行（　　）。

A．复制/粘贴操作　　　　　　　　B．重新安装软件和文件

C．打包操作　　　　　　　　　　　D．新建幻灯片文件

二、填空题

1．PowerPoint 2013 的浏览视图下，选定某幻灯片并拖动，可以完成的操作是_____幻灯片。

2．在 PowerPoint 2013 中要选定多个图形或图片时，需先按住_____键，然后用鼠标单击要选定的图形对象。

3．在 PowerPoint 2013 幻灯片中的虚线框是_____。

4．在 PowerPoint 2013 中，母版视图分为_____、讲义母版和备注母版三类。

5．在 PowerPoint 2013 中要使幻灯片中的标题、图片、文字等按用户的要求顺序出现，应进行的设置是_____。

6．使 PowerPoint 2013 从当前选定的幻灯片开始播放应按_____快捷键，停止幻灯片播放的快捷键是_____。

7．要将幻灯片编号显示在幻灯片的右上方，应该在中_____中进行设置。

8. 在"动画"选项卡的"动画"分组中有 4 种类型的动画方案，分别为：进入动画方案、强调动画方案、＿＿＿＿＿＿＿＿和动作路径动画方案。

9. 在 PowerPoint 2013 中，提供了细微型、＿＿＿＿＿＿＿和动态内容 3 类切换效果。

10. 在 PowerPoint 2013 中，在一张纸上最多可以打印＿＿＿＿＿＿＿张幻灯片。

三、判断题

（　　　）1. PowerPoint 2013 是演示文稿制作软件，演示文稿的扩展名是.ppt。

（　　　）2. PowerPoint 2013 "文件"选项卡中的"新建"命令的功能是插入一张新幻灯片。

（　　　）3. 在 PowerPoint 2013 幻灯片浏览视图中，选定多张不连续幻灯片，在单击选定幻灯片之前应该按住【Shift】键。

（　　　）4. 在 PowerPoint 2013 浏览视图下，按住【Ctrl】键并拖动某幻灯片，可以完成的操作是复制幻灯片。

（　　　）5. 在 PowerPoint 2013 的普通视图中，隐藏了某个幻灯片后，在幻灯片放映时被隐藏的幻灯片在幻灯片放映时不放映，但仍然保存在文件中。

（　　　）6. 在 PowerPoint 2013 中使用幻灯片配色方案命令可以对幻灯片的各个部分重新配色。

（　　　）7. 设置好的切换效果，既可以应用于演示文稿中的某一张幻灯片，也可以应用于所有幻灯片。

（　　　）8. 可以用"录制旁白"的方法把自己的声音加入到 PowerPoint 演示文稿中。

（　　　）9. 在 PowerPoint 2013 的普通视图中，按【F5】键总是从演示文稿的第一张幻灯片开始全屏幕放映所有的幻灯片。

（　　　）10. 在幻灯片放映时，如果使用画笔标记，在幻灯片上做的记号将在退出幻灯片时不能保留。

习题 **6**

计算机网络习题

一、单选题

1. 计算机网络建立的主要目的是实现计算机资源的共享，计算机资源主要指计算机（　　　　）。

　　A. 软件与数据库　　　　　　　　　　B. 服务器、工作站与软件

　　C. 硬件、软件与数据　　　　　　　　D. 通信子网与资源子网

2. 计算机网络系统中的硬件包括（　　　　）。

　　A. 服务器、工作站、连接设备和传输介质

　　B. 网络连接设备和传输介质

　　C. 服务器、工作站、连接设备

　　D. 服务器、工作站和传输介质

3. 在计算机网络中，通常把提供并管理共享资源的计算机称为（　　　　）。

　　A. 工作站　　　　　B. 服务器　　　　　C. 网关　　　　　D. 网桥

4. 下列网络的传输介质中，抗干扰能力最强的是（　　　　）。

　　A. 微波　　　　　　B. 光纤　　　　　　C. 同轴电缆　　　　D. 双绞线

5. 网卡是构成网络的基本部件，网卡一方面连接局域网中的计算机，另一方面连接局域网中的（　　　　）。

　　A. 服务器　　　　　B. 工作站　　　　　C. 传输介质　　　　D. 主板

6. Modem 的作用是（　　　　）。

　　A. 实现计算机远程联网　　　　　　　B. 在计算机之间传送二进制信号

　　C. 实现数字信号和模拟信号的转换　　D. 提高计算机之间的通信速度

7. 计算机网络中使用的设备 Hub 是指（　　　　）。

　　A. 交换机　　　　　B. 服务器　　　　　C. 路由器　　　　　D. 集线器

8. 网络协议主要要素为（　　　　）。

　　A. 数据格式、编码、信号电平　　　　B. 数据格式、控制信息、速度匹配

　　C. 语法、语义、同步　　　　　　　　D. 编码、控制信息、同步

9. TCP/IP 模型是一个用于描述（　　　　）的网络模型。

　　A. 互联网体系结构　　　　　　　　　B. 局域网体系结构

　　C. 广域网体系结构　　　　　　　　　D. 城域网体系结构

10. 在 OSI 的 7 层参考模型中，主要功能是在通信子网中进行路由选择的层次是（　　　）。

    A. 数据链路层　　　　B. 网络层　　　　　　C. 传输网　　　　　　　D. 表示层

11. 在计算机网络中，表示数据传输可靠性的指标是（　　　）。

    A. 传输速率　　　　　B. 误码率　　　　　　C. 信息容量　　　　　　D. 频带利用率

12. 数据传输速率的单位是（　　　）。

    A. 帧/秒　　　　　　　B. 文件数/秒　　　　　C. 二进制位数/秒　　　D. 米/秒

13. 信道按传输信号的类型来分，可分为（　　　）。

    A. 模拟信道和数字信道　　　　　　　　　B. 物理信道和逻辑信道

    C. 有线信道和无线信道　　　　　　　　　D. 专用信道和公共交换信道

14. 在常用的传输介质中，（　　　）的带宽最宽，信号传输衰减最小，抗干扰能力最强。

    A. 双绞线　　　　　　B. 同轴电缆　　　　　C. 光纤　　　　　　　　D. 微波

15. 下面不属于局域网网络拓扑结构的是（　　　）。

    A. 总线　　　　　　　B. 星状　　　　　　　C. 交叉　　　　　　　　D. 环状

16. 学校机房一般采用（　　　）网络拓扑结构。

    A. 总线　　　　　　　B. 星状　　　　　　　C. 网状　　　　　　　　D. 环状

17. 广域网采用的网络拓扑结构通常是（　　　）结构。

    A. 总线　　　　　　　B. 环状　　　　　　　C. 星状　　　　　　　　D. 网状

18. TCP/IP 参考模型的网络接口层对应 OSI 的（　　　）。

    A. 物理层　　　　　　B. 链路层　　　　　　C. 网络层　　　　　　　D. 物理层和链路层

19. 能唯一标识 Internet 中每一台主机的是（　　　）。

    A. 用户名　　　　　　B. IP 地址　　　　　　C. 用户密码　　　　　　D. 使用权限

20. 关于 IPv4 地址与 IPv6 地址的描述中，正确的是（　　　）。

    A. 两种地址都是 32 位　　　　　　　　　B. IPv6 是 128 位 IPv4 是 32 位

    C. IPv4 是 128 位 IPv6 是 32 位　　　　　D. 两种地址都是 128 位

21. 下列各项中，合法的 IP 地址是（　　　）。

    A. 262.96.12.141　　B. 202.196.72.140　　C. 112.256.23.8　　　D. 201.124.38.279

22. 以下 IP 地址中，属于 B 类地址的是（　　　）。

    A. 112.213.12.232　　B. 10.123.23.12　　　C. 23.123.213.23　　　D. 156.123.32.12

23. 如果一台主机的 IP 地址为 192.168.0.10，那么这台主机的 IP 地址属于（　　　）。

    A. C 类地址　　　　　B. A 类地址　　　　　C. B 类地址　　　　　　D. 无用地址

24. 关于 Internet 上的计算机，下列描述错误的是（　　　）。

    A. 一台计算机可以有一个或多个 IP 地址

    B. 可以两台计算机共用一个 1 个 IP 地址

    C. 每台计算机都有不同的 IP 地址

    D. 所有计算机都必须有一个 Internet 上唯一的编号作为其在 Internet 上的标识

25. 在以下 4 个 WWW 网址中，哪一个网址不符合 WWW 网址书写规则（　　　）。

    A. www.163.com　　B. www.nk.cn.edu　　C. www.863.org.cn　　D. www.tj.net.jp

26. 域名和 IP 地址的关系是（　　　）。

    A. 一个域名对应多个 IP 地址　　　　　　B. 一个 IP 地址可对应多个域名

    C. 域名和 IP 地址没有任何关系　　　　　D. 域名和 IP 地址一一对应

27. 域名与 IP 地址一一对应，Internet 是靠（　　　）完成这种对应关系的。

    A．TCP　　　　　　　B．PING　　　　　　C．DNS　　　　　　　D．IP

28. 在 Internet 中，DNS 指的是（　　　）。

    A．域名服务器　　　　　　　　　　　　B．发送邮件的服务器

    C．接收邮件的服务器　　　　　　　　　D．文件传输服务器

29. 以下说法错误的是（　　　）。

    A．选择自动获得 IP 地址不需要配置网关

    B．若使用静态 IP 地址则要配置相应网关和子网掩码

    C．配置 DNS 服务器地址后才可以上网

    D．通过子网掩码可以看出子网内可配置的 IP 地址数量

30. 在 Internet 中，统一资源定位符的英文缩写是（　　　）。

    A．URL　　　　　　　B．HTTP　　　　　　C．WWW　　　　　　D．HTML

31. 统一资源定位符的组成格式是（　　　）。

    A．协议、存放资源的主机域名、路径和资源文件名

    B．协议、资源文件名、路径和存放资源的主机域名

    C．资源文件名、协议、存放资源的主机域名、路径

    D．存放资源的主机域名、协议、路径和资源文件名

32. 某台主机的域名为 http://public.shsmu.edu.cn，其中（　　　）为主机名。

    A．public　　　　　　B．shsmu　　　　　　C．edu　　　　　　　D．cn

33. 关于 WWW 服务，以下说法错误的是（　　　）。

    A．WWW 服务采用的主要传输协议是 HTTP 协议

    B．WWW 服务以超文本方式组织网络多媒体信息供用户访问

    C．HTTP Web 服务器可以使用统一的形用户界面

    D．用户访问 Web 服务器不需要知道服务器的 URL 地址

34. 电子邮件使用的传输协议是（　　　）。

    A．SMTP　　　　　　B．Telnet　　　　　　C．HTTP　　　　　　D．FTP

35. 当 A 用户向 B 用户成功发送电子邮件后，B 用户的计算机没有开机，那么 B 用户的电子邮件将（　　　）。

    A．退回给发信人　　　　　　　　　　　B．保存在服务商的主机上

    C．过一会对方再重新发送　　　　　　　D．永远不再发送

36. 接入 Internet 并且支持 FTP 协议的两台计算机，对于它们之间的文件传输，下列说法正确的是（　　　）。

    A．只能传输文本文件　　　　　　　　　B．不能传输图形文件

    C．所有文件均能传输　　　　　　　　　D．只能传输几种类型的文件

37. （　　　）用户提供了在本地计算机上完成远程主机工作的能力。

    A．WWW 服务　　　　B．电子邮件　　　　C．文件传输　　　　D．远程登录

38. 下面有关搜索引擎的说法，错误的是（　　　）。

    A．搜索引擎是网站提供的免费搜索服务　　B．每个网站都有自己的搜索引擎

    C．利用搜索引擎一般都能查到相关主题　　D．搜索引擎对关键字或词进行搜索

39. 清华大学的"水木社区"是大学生喜欢的一个站点，他们可以在站点发帖子、发邮件进行交流和讨论。"水木社区"站是因特网的（　　　）功能的体现。

    A．CAI   B．BBS   C．FTP   D．E-MAIL

40. 在 Outlook Express 中不可进行的操作是（　　　）。

    A．撤销发送   B．接收   C．阅读   D．回复

二、填空题

1. 计算机网络是_____技术与_____技术相结合的产物，它的最主要目的在于提供不同计算机和用户之间的资源共享和_____。

2. 计算机网络按地理范围可分为_____、城域网和_____，WAN 指的是_____，LAN 指的是_____。Internet 网属于_____，校园网属于_____。

3. 计算机之间进行通信所遵守的一种共同规则，称为_____。TCP/IP 的全称是_____和_____。

4. IP 地址由_____和_____两部分组成。

5. 有一个 URL 是：http://www.whu.edu.cn，表示这台服务器属于_____机构，该服务器的顶级域名是_____，表示_____。

6. 使用_____命令可检查网络的连通性以及测试与目的主机之间的连接速度；使用 ipconfig/all 命令可显示网卡的_____、主机的 IP 地址、子网掩码以及默认网关等信息。

7. Internet 的基本服务有 4 种：_____、_____、_____和_____。

8. 在电子邮件系统中，电子邮箱的固定格式为：_____。

9. 文件传输是通过_____协议实现的。在文件传输服务中，将文件从客户机传到服务器称为_____；从服务器传到客户机称为_____。

10. 使用浏览器访问 Internet 上的 Web 站点时，首先看到的页面叫_____。

三、判断题

（　　　）1. 计算机网络是计算机技术和通信技术相结合的产物。

（　　　）2. 一个计算机网络由通信子网和资源子网组成。

（　　　）3. Modem 的作用就是将数字信号转换为模拟信号。

（　　　）4. 当网络中任何一个工作站发生故障时，都有可能导致整个网络停止工作，这种网络的拓扑结构为星状。

（　　　）5. 双绞线的最大传输距离为 100 m。如果要加大传输距离，在两段双绞线之间可安装中继器。

（　　　）6. IP 地址 192.256.33.78 是一个有效的地址。

（　　　）7. 通过子网掩码与 IP 地址的逻辑或运算，可以分离出其中的网络地址。

（　　　）8. Internet 上任何一个 E-mail 地址都是唯一的。

（　　　）9. 万维网的网址以 http 为前导，表示遵从超文本传输协议。

（　　　）10. 在 Internet Explorer 浏览器中，"收藏夹"收藏的是网页的地址。

全国计算机等级考试一级 MS Office 考试大纲（2018 版）

基本要求

① 具有微型计算机的基础知识（包括计算机病毒的防治常识）。

② 了解微型计算机系统的组成和各部分的功能。

③ 了解操作系统的基本功能和作用，掌握 Windows 的基本操作和应用。

④ 了解文字处理的基本知识，熟练掌握文字处理软件 Word 的基本操作和应用，熟练掌握一种汉字（键盘）输入方法。

⑤ 了解电子表格软件的基本知识，掌握电子表格软件 Excel 的基本操作和应用。

⑥ 了解多媒体演示软件的基本知识，掌握演示文稿制作软件 PowerPoint 的基本操作和应用。

⑦ 了解计算机网络的基本概念和因特网（Internet）的初步知识，掌握 IE 浏览器软件和 Outlook Express 软件的基本操作和使用。

考试内容

一、计算机基础知识

① 计算机的发展、类型及其应用领域。

② 计算机中数据的表示、存储与处理。

③ 多媒体技术的概念与应用。

④ 计算机病毒的概念、特征、分类与防治。

⑤ 计算机网络的概念、组成和分类；计算机与网络信息安全的概念和防控。

⑥ 因特网网络服务的概念、原理和应用。

二、操作系统的功能和使用

① 计算机软、硬件系统的组成及主要技术指标。

② 操作系统的基本概念、功能、组成及分类。

③ Windows 操作系统的基本概念和常用术语，文件、文件夹、库等。

④ Windows 操作系统的基本操作和应用：

• 桌面外观的设置，基本的网络配置。

• 熟练掌握资源管理器的操作与应用。

• 掌握文件、磁盘、显示属性的查看、设置等操作。

- 中文输入法的安装、删除和选用。
- 掌握检索文件、查询程序的方法。
- 了解软、硬件的基本系统工具。

三、文字处理软件的功能和使用

① Word 的基本概念、Word 的基本功能和运行环境、Word 的启动和退出。

② 文档的创建、打开、输入、保存等基本操作。

③ 文本的选定、插入与删除、复制与移动、查找与替换等基本编辑技术；多窗口和多文档的编辑。

④ 字体格式设置、段落格式设置、文档页面设置、文档背景设置和文档分栏等基本排版技术。

⑤ 表格的创建、修改，表格的修饰，表格中数据的输入与编辑，数据的排序和计算。

⑥ 图形和图片的插入，图形的建立和编辑，文本框、艺术字的使用和编辑。

⑦ 文档的保护和打印。

四、电子表格软件的功能和使用

① 电子表格的基本概念和基本功能，Excel 的基本功能、运行环境、启动和退出。

② 工作簿和工作表的基本概念和基本操作，工作簿和工作表的建立、保存和退出；数据输入和编辑；工作表和单元格的选定、插入、删除、复制、移动；工作表的重命名和工作表窗口的拆分和冻结。

③ 工作表的格式化，包括设置单元格格式、设置列宽和行高、设置条件格式、使用样式、自动套用模式和使用模板等。

④ 单元格绝对地址和相对地址的概念，工作表中公式的输入和复制，常用函数的使用。

⑤ 图表的建立、编辑和修改以及修饰。

⑥ 数据清单的概念，数据清单的建立，数据清单内容的排序、筛选、分类汇总，数据合并，数据透视表的建立。

⑦ 工作表的页面设置、打印预览和打印，工作表中链接的建立。

⑧ 保护和隐藏工作簿和工作表。

五、PowerPoint 的功能和使用

① 中文 PowerPoint 的功能、运行环境、启动和退出。

② 演示文稿的创建、打开、关闭和保存。

③ 演示文稿视图的使用、幻灯片基本操作（版式、插入、移动、复制和删除）。

④ 幻灯片基本制作（文本、图片、艺术字、形状、表格等插入及其格式化）。

⑤ 演示文稿主题选用与幻灯片背景设置。

⑥ 演示文稿放映设计（动画设计、放映方式、切换效果）。

⑦ 演示文稿的打包和打印。

六、因特网（Internet）的初步知识和应用

① 了解计算机网络的基本概念和因特网的基础知识，主要包括网络硬件和软件、TCP/IP 协议的工作原理，以及网络应用中常见的概念，如域名、IP 地址、DNS 服务等。

② 能够熟练掌握浏览器、电子邮件的使用和操作。

考试方式

上机考试，考试时长 90 分钟，满分 100 分。

1．题型及分值

① 单项选择题（计算机基础知识和网络基本知识）（20 分）。

② Windows 操作系统的使用（10 分）。

③ Word 操作（25 分）。

④ Excel 操作（20 分）。

⑤ PowerPoint 操作 15 分

⑥ 浏览器（IE）的简单使用和电子邮件收发（10 分）。

2．考试环境

操作系统：中文版 Windows 7。

考试环境：Microsoft Office 2010。

一、单选题

1. 第四代计算机的主要元件是（　　）。
    A. 电子管
    B. 晶体管
    C. 中小规模集成电路
    D. 大规模/超大规模集成电路

2. 用计算机管理科技情报资料，是计算机在（　　）的应用。
    A. 科学计算
    B. 信息处理
    C. 过程控制
    D. 人工智能

3. 在计算机中采用二进制，是因为（　　）。
    A. 可降低硬件成本
    B. 两个状态的系统具有稳定性
    C. 二进制的运算法则简单
    D. 上述三个原因

4. 为了避免混淆，十六进制数在书写时常在后面加字母（　　）。
    A. H
    B. O
    C. D
    D. B

5. 6 位无符号二进制数能表示的最大十进制整数是（　　）。
    A. 64
    B. 63
    C. 32
    D. 31

6. 计算机能够自动工作，主要是因为采用了（　　）。
    A. 二进制数制
    B. 高速电子元件
    C. 存储程序控制
    D. 程序设计语言

7. 微型计算机的技术指标主要是指（　　）。
    A. 所配备的系统软件的优劣
    B. CPU 的主频和运算速度、字长、内存容量和存取速度
    C. 显示器的分辨率、打印机的配置
    D. 硬盘容量的大小

8. 下列各组设备中，全部属于输入设备的一组是（　　）。
    A. 键盘、磁盘和打印机
    B. 键盘、扫描仪和鼠标
    C. 键盘、鼠标和显示器
    D. 硬盘、打印机和键盘

9. 将高级语言编写的程序翻译成机器语言程序，采用的两种翻译方式是（　　）。
    A. 编译和解释
    B. 编译和汇编
    C. 编译和连接
    D. 解释和汇编

10. 下面哪一组是系统软件（　　）。
    A. DOS 和 MIS
    B. WPS 和 UNIX
    C. DOS 和 UNIX
    D. UNIX 和 Word

11. 多媒体计算机的最重要特点是（　　　　）。

    A. 集成性和交互性　　　　　　　　B. 数字化与实时性

    C. 高速度与图像化　　　　　　　　D. 声音图形一体化

12. 下列叙述中，正确的是（　　　　）。

    A. 所有计算机病毒只在可执行文件中传染

    B. 计算机病毒通过读写 U 盘或 Internet 进行传播

    C. 反病毒软件总是超前于病毒的出现，它可以查、杀任何类型的病毒

    D. 感染过计算机病毒的计算机具有对该病毒的免疫性

13. 操作系统的功能包括处理器管理、存储器管理、设备管理、文件管理和（　　　　）。

    A. 进程管理　　　　B. 作业管理　　　　C. 目录管理　　　　D. 磁盘管理

14. 计算机操作系统的主要功能是（　　　　）。

    A. 对计算机的所有资源进行控制和管理，为用户使用计算机提供方便

    B. 对源程序进行翻译

    C. 对用户数据文件进行管理

    D. 对汇编语言程序进行翻译

15. 计算机网络的最基本功能是（　　　　）。

    A. 数据传送　　　　B. 信息流通　　　　C. 数据共享　　　　D. 降低费用

16. 目前互联网广泛采用（　　　　）协议来进行数据传输。

    A. TCP/IP 协议　　　　B. IPX/SPX 协议　　　　C. IPX/ODI 协议　　　　D. 网络互联协议

17. 按照网络拓扑结构来划分，下列（　　　　）不属于该项划分。

    A. 星状网　　　　B. 环状网　　　　C. 总线网　　　　D. 局域网

18. 以下说法中正确的是（　　　　）。

    A. 域名服务器中存放 Internet 主机的 IP 地址

    B. 域名服务器中存放 Internet 主机的域名

    C. 域名服务器中存放 Internet 主机域名与 IP 地址的对照表

    D. 域名服务器中存放 Internet 主机的电子邮箱的地址

19. 在因特网上，一台计算机可以作为另一台主机的远程终端，使用该主机的资源，该项服务称为（　　　　）。

    A. Telnet　　　　B. BBS　　　　C. FTP　　　　D. WWW

20. 下列关于电子邮件的叙述中，正确的是（　　　　）。

    A. 如果收件人的计算机没有打开时，发件人发来的电子邮件将丢失

    B. 如果收件人的计算机没有打开时，发件人发来的电子邮件将退回

    C. 如果收件人的计算机没有打开时，当收件人的计算机打开时再重发

    D. 发件人发来的电子邮件保存在收件人的电子邮箱中，收件人可随时接收

二、基本操作题

1. 在考生文件夹下建立一个新文件夹 GREWQ。

2. 在考生文件夹下 GREWQ 文件夹中建立两个文件 MYWJJ1.txt 和 MYWJJ2.txt。

3. 将考生文件夹下 GREWQ 文件夹中的文件 MYWJJ1.txt 更名为 MYPPT.doc。

4. 将考生文件夹下 GREWQ 文件夹中的文件 MYWJJ2.txt 的属性设置为"隐藏"属性。

5. 将考生文件夹下 GREWQ 文件夹中的文件 MYPPT.doc 复制到考生文件夹下 FOREST 文件夹中。

三、文字处理

打开文档 WORD1.DOCX，按照要求完成下列操作并以该文件名（WORD1.DOCX）保存文档。

（1）将文中所有错词"中朝"替换为"中超"；自定义页面纸张大小为"19.5 厘米（宽）× 27 厘米（高度）"；设置页面左、右边距均为 3 厘米；为页面添加 1 磅、深红色（标准色）、"方框"型边框；插入页眉，并在其居中位置输入页眉内容"体育新闻"。

（2）将标题段文字（"中超第 27 轮前瞻"）设置为小二号、蓝色（标准色）、黑体、加粗、居中对齐，并添加浅绿色（标准色）底纹；设置标题段段前、段后间距均为 0.5 行。

（3）设置正文各段落（"北京时间……目标。"）左、右各缩进 1 字符、段间间距 0.5 行；设置正文第一段（"北京时间……产生。"）首字下沉 2 行（距正文 0.2 厘米），正文其余段落（"6 日下午……目标。"）首行缩进 2 字符；将正文第三段（"5 日下午……目标。"）分为等宽 2 栏，并添加栏间分隔线。

（4）将文中最后 8 行文字转换成一个 8 行 6 列的表格，设置表格第一、第三至第六列列宽为 1.5 厘米，第二列列宽为 3 厘米，所有行高为 0.7 厘米；设置表格居中、表格中所有文字水平居中。

（5）设置表格外框线为 0.75 磅红色（标准色）双窄线，内框线为 0.5 磅红色（标准色）单实线；为表格第一行添加"白色，背景 1，深色 25%"底纹；在表格第四、五行之间插入一行，并输入各列内容分别为"4""贵州人和""10""11""5""41"。按"平"列依据"数字"类型降序排列表格内容。

2013 赛季中明联赛前 26 轮积分榜（前八名）					
名次	队名	胜	平	负	积分
1	广州恒大	21	3	1	66
2	深圳平安	17	4	5	55
3	北京国安	12	7	7	43
5	广州富力	9	6	11	33
6	上海上港	9	5	11	32
7	上海申花	9	11	6	32
8	大连阿尔滨	8	8	10	32

四、电子表格

1. 打开电子表格 EXCEL.XLSX，按照要求完成下列操作并以该文件名（EXCEL.XLSX）保存电子表格。

（1）将 sheet1 工作表的 A1:F1 单元格合并为一个单元格，内容水平居中；按表中第 2 行中各成绩所占总成绩的比例计算"总成绩"列的内容（数值型，保留小数点后 1 位），按总成绩的降序次序计算"成绩排名"列的内容（利用 RANK.EQ 函数，降序）。

（2）选取"学号"列（A2:A10）和"总成绩"列（E2:E10）数据区域的内容建立"簇状棱锥图"，图表标题为"成绩统计图"，不显示图例，设置数据系列格式为纯色填充（紫色，强调文字颜色 4，深色 25%），将图插入到表的 A12:D27 单元格区域内，将工作表命名为"成绩统计表"，保存 EXCEL.XLSX 文件。

2. 打开工作簿文件 EXC.XLSX，对工作表"产品销售情况表"内数据清单的内容建立数据透视表，按行标签为"季度"，列标签为"产品名称"，求和项为"销售数量"，并置于现工作表的 I8:M13 单元格区域，工作表名不变，保存 EXC.XLSX 工作簿。

五、演示文稿

打开考生文件夹中的演示文稿 yswg.pptx，按照下列要求完成对此文稿的修饰并保存，内容请按照题干所示的全角或半角形式输入。

1. 使用"奥斯汀"主题修饰全文，全部幻灯片切换方案为"推进"，效果选项为"自顶部"，放映方式为"观众自行浏览"。

2. 第二张幻灯片的版式改为"两栏内容"，标题为"全面公开政府'三公'经费"，左侧文本设置为"仿宋"、23 磅字，右侧内容区插入考生文件夹中图片 ppt1.png，图片动画设置为"进入""旋转"。第一张幻灯片前插入版式为"标题和内容"的新幻灯片，内容区插入 3 行 5 列的表格。表格行高均为 3 厘米，表格所有单元格内容均按居中对齐和垂直居中对齐，第 1 行的第 1～5 列依次录入"年度""因公出国费用""公务接待费""公务车购置费"和"公务车运行维护费"，第 1 列的第 2～3 行依次录入"2011 年"和"2012 年"。其他单元格内容按第二张幻灯片的相应内容填写，数字后单位为万元。标题为"×××部门财政经费拨款情况"。备注区插入"财政拨款是指当年经费的预算数"。移动第三张幻灯片，使之成为第一张幻灯片。删除第三张幻灯片。第一张幻灯片前插入版式为"标题幻灯片"的新幻灯片，主标题为"全面公开经费"，副标题为"经费详情"。

六、上网题

1. 给英语老师发一封电子邮件,并将考生文件夹下的文本文件 homework.txt 作为附件一起发送。收件人为：wanglijuan@cuc.edu.cn，主题为"课后作业"，内容为"王老师，您好!我的作业已经完成，请批阅"。

2. 打开 HTTP://NCRE/DJKS/INDEX.HTML 页面，单击链接"新话题"，找到"百年北大"网页，将网页以"bd.txt"为名保存在考生文件夹内。

参 考 答 案

习题1 计算机基础习题

一、单选题

1. D	2. C	3. D	4. C	5. A	6. D	7. A	8. D	9. C	10. D
11. A	12. D	13. C	14. B	15. B	16. C	17. A	18. C	19. B	20. A
21. D	22. B	23. B	24. D	25. B	26. C	27. B	28. C	29. A	30. B
31. C	32. C	33. D	34. D	35. D	36. D	37. C	38. B	39. B	40. B

二、填空题

1. 电子元件   2. 1010101.101   3. 1、2

4. 地址总线、控制总线   5. 中央处理器、随机存储器、只读存储器

6. 操作码、操作数   7. 地址   8. 分辨率

9. 系统软件、应用软件   10. 隐蔽性、潜伏性

三、判断题

1. ×	2. √	3. √	4. √	5. ×	6. √	7. √	8. ×	9. √	10. ×

习题2 操作系统习题

一、单选题

1. A	2. D	3. B	4. D	5. D	6. B	7. D	8. A	9. C	10. D
11. D	12. D	13. C	14. D	15. A	16. C	17. A	18. A	19. A	20. B
21. B	22. A	23. D	24. C	25. A	26. C	27. D	28. D	29. C	30. D
31. A	32. B	33. A	34. A	35. B	36. D	37. C	38. B	39. B	40. D

二、填空题

1. EXIT   2. 桌面   3. 隐藏   4.【Ctrl+Shift】

5.【Ctrl】   6. 文本文件、.exe、.docx

7.【Ctrl+A】、【Ctrl+C】、【Ctrl+X】、【Ctrl+V】

8. 硬盘、内存   9.【PrintScreen】、【Alt + PrintScreen】   10. 树

三、判断题

1. √	2. ×	3. √	4. √	5. √	6. ×	7. √	8. ×	9. √	10. ×

习题 3　Word 2013 习题

一、单选题

1. D	2. D	3. C	4. D	5. B	6. B	7. B	8. C	9. D	10. A
11. A	12. C	13. B	14. C	15. B	16. C	17. D	18. A	19. D	20. A
21. D	22. D	23. C	24. C	25. B	26. B	27. B	28. D	29. D	30. C
31. C	32. C	33. D	34. C	35. A	36. D	37. A	38. B	39. C	40. D
41. C	42. D	43. C	44. D	45. D	46. D	47. D	48. D	49. A	50. B

二、填空题

1．.docx　　　　　2．【Backspace】、【Delete】　　　3．【Ctrl+A】

4．宋体、五号　　5．粗体、斜体、下画线　　　　　6．【Enter】

7．【Shift】　　　8．【Shift】　　　9．审阅　　　10．样式

三、判断题

1. √	2. √	3. ×	4. ×	5. ×	6. √	7. ×	8. ×	9. √	10. ×

习题 4　Excel 2013 习题

一、单选题

1. C	2. D	3. D	4. A	5. C	6. A	7. D	8. B	9. C	10. D
11. B	12. A	13. B	14. B	15. D	16. A	17. D	18. D	19. A	20. B
21. C	22. A	23. B	24. C	25. D	26. B	27. B	28. C	29. D	30. B
31. D	32. C	33. C	34. D	35. C	36. B	37. C	38. B	39. D	40. D
41. A	42. B	43. B	44. C	45. D	46. B	47. B	48. C	49. C	50. D

二、填空题

1．xlsx　　　　2．列标+行号　　　3．左、右　　　4．【Ctrl+;】

5．【Enter】　　6．相对引用、相对引用、绝对引用、混合引用

7．16　　　　　8．有效性　　　9．或　　　　　10．分类轴

三、判断题

题号	1	2	3	4	5	6	7	8	9	10
答案	√	√	×	√	×	×	×	×	√	√

习题 5　PowerPoint 2013 习题

一、单选题

1. B	2. B	3. A	4. B	5. A	6. C	7. A	8. C	9. C	10. B
11. B	12. C	13. B	14. B	15. D	16. D	17. D	18. A	19. C	20. D
21. B	22. C	23. A	24. D	25. A	26. C	27. C	28. B	29. D	30. B
31. D	32. C	33. B	34. D	35. C	36. D	37. C	38. D	39. B	40. C

二、填空题

1. 移动　　　　　2.【Shift】　　　　3. 占位符　　　　4. 幻灯片母版

5. 自定义动画　　6.【Shift+F5】　　7. 幻灯片母版

8. 退出动画方案　9. 华丽型　　　　10. 9

三、判断题

1. ×	2. ×	3. ×	4. √	5. √	6. √	7. √	8. √	9. √	10. ×

习题6　计算机网络习题

一、单选题

1. C	2. A	3. B	4. B	5. C	6. C	7. D	8. C	9. A	10. B
11. B	12. C	13. A	14. C	15. C	16. B	17. D	18. D	19. B	20. B
21. B	22. D	23. A	24. B	25. B	26. B	27. C	28. A	29. C	30. A
31. A	32. A	33. D	34. A	35. B	36. C	37. D	38. B	39. B	40. A

二、填空题

1. 计算机、通信、信息传输　　2. 广域网、局域网、广域网、局域网、广域网、局域网

3. 协议、传输控制协议、网际协议　　　　4. 网络地址、主机地址

5. 教育、cn、中国　　　　　　　　　　6. ping、物理地址/MAC 地址

7. WWW 服务、电子邮件、文件传输、远程登录　　8. 用户名@邮件服务器名

9. FTP、上传、下载　　　　　　　　　　10. 主页

三、判断题

1. √	2. √	3. ×	4. ×	5. √	6. ×	7. ×	8. √	9. √	10. √

附录 B　全国计算机等级考试一级 MS Office 考试模拟题

一、单选题

1. D	2. B	3. D	4. A	5. B	6. C	7. B	8. B	9. A	10. C
11. A	12. B	13. B	14. A	15. A	16. A	17. D	18. C	19. A	20. D

二、基本操作题～六、上网题（略）